NYDIA DEL REY

# LOS MONOS NO HACEN PREGUNTAS

## UN RECORRIDO POR EL COMPORTAMIENTO HUMANO

Ilustraciones de **@oleismos**

LUNWERG
EDITORES

Lunwerg es un sello editorial de Editorial Planeta, S. A.
Avenida Diagonal, 662-664 - 08034 Barcelona
Calle Juan Ignacio Luca de Tena, 17 - 28027 Madrid
lunwerg@lunwerg.com
www.lunwerg.com
www.instagram.com/lunwerg
www.x.com/Lunwerglibros
www.facebook.com/lunwerg

Diseño y maquetación: Lunwerg, 2025

Primera edición: abril de 2025
Depósito legal: B. 1.017-2025
ISBN: 978-84-10378-65-0
Impresión y encuadernación: Liberdúplex
*Printed in Spain* - Impreso en España

PEFC Certificado
Este libro procede de bosques gestionados de forma sostenible
PEFC
PEFC/14-38-00305
www.pefc.es

A MIS PADRES. A MIS TÍAS. A LA KATA.

# < LOS MONOS NO HACEN PREGUNTAS >

Durante más de seis décadas, nos hemos comunicado con primates no humanos utilizando el lenguaje no verbal. Después de todos estos años de observación y análisis, los expertos llegaron a una conclusión fascinante: una de las diferencias más notables radica en un hecho curioso y peculiar: ellos simplemente NO HACEN PREGUNTAS.

Con este escenario he llegado también a otra conclusión: un mono siempre te saludará amablemente con un «¡Buenos días!». Pero, por más amigable que sea, nunca cometerá el ERROR de preguntarte acto seguido: «¿Qué tal todo?».

Los científicos dirán que este hecho se da porque la capacidad de formular preguntas indica un nivel avanzado de pensamiento. Este nivel implica la comprensión de que otros individuos poseen conocimientos, deseos e intenciones distintos a los propios. Y aunque los primates no humanos demuestran ciertos aspectos de esta teoría —como la empatía no compleja o una comprensión básica de las intenciones ajenas—, la capacidad de formular preguntas requiere un nivel superior de procesamiento cognitivo.

Pero seamos realistas: ¿qué mono, en su sano juicio, querría escuchar tu infinita turra sobre cómo ha transcurrido tu mañana, que no eres persona hasta que te tomas un café, que no falta nada para el viernes u obviedades como que las vacaciones se te han hecho cortitas?

Mientras los humanos nos obsesionamos con hacernos preguntas sobre nosotros mismos y nuestro entorno, los monos prefieren dejar que la vida pase, sortear los obstáculos y mantener su homeostasis sin complicarse la existencia.

Tomémonos un momento para reflexionar sobre la diferencia de lo que esto representa en nuestras vidas cotidianas:

Mis hijos, por ejemplo, de pequeños, me bombardeaban con un sinfín de preguntas: «¿Por qué el cielo es azul?». «¿Por qué es negro por la noche?» «¿Por qué los perros no hablan?» «¿Los gatos entienden español?» «¿Por qué la nieve está fría?» «¿Yo soy gente?» «¿Los abuelos nacen?» «¿Por qué la casa de Sara huele a lápiz?» «Y si se cae la luna, ¿qué hacemos?» «¿Cuándo llegamos?» «¿Cuándo llegamos?» «¿Cuándo llegamos?» «¿Cuándo llegamos?» «¿Falta mucho?» «¿Falta mucho?» «¿Falta mucho?» «¿Y ahora?» «¿Y ahora?» «¿Y ahora?»

En esos momentos de desesperación mental, mi mente me hacía preguntas: ¡¿POR QUÉ NO HABRÉ PARIDO MONOS?!

**«NOS ENCANTA PREGUNTAR, PERO RESPONDER ALIMENTA NUESTRO EGO»**

Cada respuesta que le demos a un niño impactará en el modelado de su comportamiento y en la formación de sus prejuicios. Hasta que un día, cuando llegue a la adolescencia, sospeche que las contestaciones a las preguntas que dimos en su vida infantil no tienen validez porque las fuentes de TikTok o del *influencer* de turno son para él mucho más fiables.

Está claro que una de las cosas que siempre nos ha complicado la vida —a diferencia de nuestros hermanos primates no humanos— ha sido hacernos preguntas desde la más tierna infancia.

Pero, por otro lado, ha supuesto el motor del progreso humano. Nos ha permitido desarrollar el lenguaje y la comunicación, avanzar en ciencia y tecnología, reflexionar filosóficamente, crear cultura y arte, organizar sociedades complejas, explorar el universo y elaborar croquetas de chipirón, arroz con cosas y salmorejo.

## ¿Para qué?

Somos fascinantes, nos pasamos años creyéndonos los seres más brillantes del planeta, acumulando experiencias, observaciones... Pero cuando finalmente llegamos a la etapa dorada, nos damos cuenta de una verdad fundamental: los monos, con su sabiduría ancestral, tenían razón. ¿Para qué complicarnos tanto? Al final del día lo que realmente importa es disfrutar de las pequeñas cosas, sin quebrarnos la cabeza, sin complicarnos la existencia.

Cuando nos acercamos al ocaso de nuestra vida nos sentamos en un banco del parque, observamos el paisaje, las obras y demoliciones y, sobre todo, disfrutamos de algunas de nuestras consignas preferidas sin hacer preguntas: «Pues ya hemos comido». «Ya hemos *echao* la tarde.» «Parece que va a llover.»

En la adultez, nuestra pasión por hacer preguntas («¿Por qué se pierden los imperdibles?» «Si mis gafas son de cerca, ¿por qué están lejos siempre?» «¿Dónde están las tijeras de la cocina?» «¿A qué venía yo a la oficina?») solo es superada por nuestro entusiasmo desmedido por contestarlas. Queremos responder a todo, desde las grandes cuestiones filosóficas hasta en las que tienes que acertar el color del caballo blanco de Santiago.

Al crear respuestas, nuestra autoafirmación y nuestro ego se disparan, como cuando mi querido podenco divisa un conejo. Y es que creer que tenemos argumentos únicos, los mejores, los más brillantes, realmente pone nuestra autoestima a cien.

Muchas de las personas que estáis leyendo estas líneas sabéis que los posts de preguntas en redes sociales son los que más interacciones tienen. ¿Por qué? Porque nuestro deseo de responder es insaciable. Estamos enganchados a contestar, es nuestro deporte olímpico particular. Respuestas todas basadas en nuestra «humilde opinión», por supuestísimo.

Esto no solo activa nuestro sistema de recompensa, sino que también despierta nuestra esencia de «todólogo» y «erudito de marca blanca» o el *cuñao ilustrao* que todos llevamos dentro. Y lo mejor es que no necesitamos estar realmente informados sobre nada en particular. LO IMPORTANTE ES RESPONDER.

Esas personas que te dicen tímidamente: «¿Te importa que te haga una pregunta?». Pero vamos a ver, alma de cántaro, lo que has hecho es una pregunta en sí misma. Pero da igual, porque quiero que me hagas muchas. No quiero que me hagas una pregunta, hazme doscientas. Mi ego y yo ESTAMOS DESEANDO RESPONDER. Aliméntame. Sáciame.

Y de esta forma nos relacionamos con los demás en nuestra etapa adulta. Aunque a veces respondamos con el piloto automático que nos viene de serie.

Ya hemos pasado por el proceso de desarrollo personal y hemos rellenado la química de nuestro cerebro con una amplia cantidad de experiencias, valores, estereotipos, prejuicios, procesos emocionales, pensamientos, habilidades, creatividad, actitudes, comportamientos y muchas «tontás» (como diría mi abuela).

. CAPÍTULO 1 .

# < ESCUCHAR ES ENTENDER LA MELODÍA, LO DEMÁS ES RUIDO >

«LA MAYORÍA DE LA GENTE NO ESCUCHA CON LA INTENCIÓN DE ENTENDER, SINO QUE ESCUCHA CON LA INTENCIÓN DE RESPONDER.»

*– Stephen R. Covey –*

A veces no escuchamos con el propósito en sí de escuchar, sino que esperamos nuestro turno para contar nuestra propia historia, soltar nuestra autobiografía. En cuanto vemos un hueco en la conversación aprovechamos para meter nuestro discurso, deseando que el otro lo escuche. Ni siquiera hemos procesado bien lo que nos decían, ya que, mientras el otro hablaba, estábamos pensando en lo que íbamos a responder.

Imagínate que te estás desahogando con un amigo, contándole que se te ha inundado la cocina porque se ha atascado el fregadero. Estás ahí, con todo el drama, describiendo cómo el agua empezó a salir cual géiser. Y él, en lugar de escuchar, está viajando mentalmente a su propia historia.

Mientras tú sigues hablando, él no está prestando atención; no, no, su cerebro está procesando esa vez que se le rompió la lavadora a él, o cuando a una amiga de la cuñada del hermano del yerno de su vecina se le atascó el baño, o cualquier otra tragedia doméstica que le dé la excusa perfecta para interrumpir, porque tiene que soltarlo.

Apenas puede contenerse y recurre al clásico: «¡Pues no sabes lo que le pasó a mi vecina!». Tú que eres la pobre narradora de la historia original, que solo querías un poco de casito (o al menos un «vaya, qué faena»), de repente te encuentras con que tu drama ha sido usurpado por su historia: el fregadero, la cocina y la lavadora de alguien que hasta ahora no sabías ni que existía.

Entonces, mientras él sigue con su relato, tú entras en modo «venganza interna», pensando cosas como: «¡Me ha interrumpido! Pues lo va a escuchar su puta madre».

¿Qué ha pasado? SE HA MEADO EN TU TERRITORIO.

## «¿ME ESTÁS ESCUCHANDO? A VER, ¿QUÉ TE HE DICHO?»

Covey clasificó la escucha en 5 niveles que intentaré explicar con mi gracejo sin igual:

### No escuchar (nivel 0)

Cuando tu interlocutor es, básicamente, una pared con forma humana. Tú hablas, pero lo mismo podrías estar contándole tus problemas a una planta, solo que la planta, al menos, PURIFICA EL AIRE.

### Fingir la escucha (nivel bajísimo)

Cuando tu interlocutor asiente como si fuera un muelle flojo. Su ac-

ES QUE ESTO ES UN CHARQUITO COMPARADO CON LO QUE LE PASÓ A LA AMIGA DE UNA VECINA.

tuación es tan convincente como un famoso tenista anunciando coches. Se nota perfectamente que está «escuchando» con la atención que te podría prestar un gato.

En estas circunstancias, saldría decirle: «A ver, ¿qué te acabo de decir?». Y el fingidor, en modo «supervivencia», repetirá automáticamente tus últimas palabras. Todos sabemos que, aunque no procese nada, su cerebro ha dejado esa última frase en la bandeja de entrada por si acaso. LO SIENTO, NO HAS CONVENCIDO.

### Escucha selectiva (nivel regulinchi)

Esa habilidad natural de prestar atención solo a lo que realmente te interesa. O, sinceramente, hasta donde te da el cerebro antes de desconectarte por completo.

Imagina que estás en una reunión o conferencia. El ponente empieza a hablar, y tú estás con él... por un ratito. Pero, a menos que el tipo sea tan interesante como los cotilleos de tu barrio, empiezas a divagar.

Ahí es cuando tu mente se va de vacaciones: «¿Puse la lavadora? ¿A qué hora he quedado con Guille? ¿Dónde dejé las llaves?». Y cuando por fin regresas de tu pequeño viaje mental, el ponente está hablando de algo completamente distinto, pero tú tratas de unir las piezas como buenamente puedes.

Entonces, terminas con una versión propia de lo que se ha dicho, algo que probablemente solo tiene sentido en tu cabeza. Sales de la reunión con los demás asistentes y llega el momento incómodo: «Ah, yo no entendí eso. Yo entendí que...».

Y es en ese preciso instante cuando descubres que, efectivamente, no estabas en la misma charla que el resto del mundo. Y CADA PERSONA DEL RESTO DEL MUNDO TAMBIÉN ESTABA EN SU UNIVERSO PARTICULAR.

### La escucha atenta (nivel prisas)

Es esa en la que te concentras en la información práctica, datos duros y fríos, sin un ápice de interés por los sentimientos de la otra persona. O al menos no es ese su objetivo. Es como cuando preguntas una dirección o pides la cuenta en un restaurante: tu cerebro solo quiere respuestas claras y rápidas, sin dramas emocionales.

Imagina la escena: «¿Me das la dirección?», y la persona empieza con: «Bueno, verás, esa casa es muy especial para mí porque...», y tú solo piensas: «A ver, ¿ES EL NÚMERO 4 O EL 5?».

## Escucha empática activa (nivelazo)

La escucha empática es otro nivel, casi un superpoder. No solo escuchas las palabras, sino que te conviertes en un detector humano de emociones ocultas. Aquí las señales no verbales son más importantes que las palabras. El mejor ejemplo de ello es una madre. No importa qué historia estés contando; ella tiene un radar emocional tan afilado que podría contratarla la CIA para detectar mentiras.

Imagínate que le estás contando algo sencillo tipo: «Fui al trabajo, volví a casa, comí pizza». Ella te mirará con esos ojos de rayos X y te dirá: «Tú no me estás contando todo. A ti te pasa algo...». Te quedas pensando: «Pero ¿cómo lo sabe? ¿Tengo algún cartel en la frente que diga: VINO EL PIZZERO Y ME DIJO QUE TENÍA MALA CARA? Lo mismo que me han dicho las compañeras de la oficina, y he mirado en internet y pone que si tienes ojeras rojas se debe a una enfermedad que acaba contigo en dos días».

No, no es que estés hablando más raro de lo normal. Es que las madres tienen la versión más actualizada de las neuronas espejo. No solo sienten lo que sientes, sino que lo amplifican y lo descifran como si tuvieran un código secreto.

La escucha empática es la capacidad de leer entre líneas, de entender que cuando alguien dice «estoy bien», lo que realmente quieren decir es «estoy al borde de un colapso nervioso, abrázame». Es el poder de captar lo que no se está diciendo, de notar que ESE «TODO GENIAL» VIENE CON UN SUSPIRO QUE PESA MÁS QUE UN

CAMIÓN CISTERNA. Después de leer esto, ¿QUÉ TIPO DE ESCUCHA CREES QUE TIENES?

Normalmente el ser humano (sí, ese que no somos ni tú ni yo, porque tú y yo escuchamos muy bien, son los otros los que no lo hacen) tiene escucha selectiva, la que tiene que ver con la supervivencia. Es el «ahorro de batería» del cerebro. Prioriza lo útil y descarta lo irrelevante.

Evolutivamente hablando, no nos convenía escuchar cada detalle: el rugido de un tigre, sí. El murmullo del viento entre las hojas, ¡meh!

En el arte de la escucha, el cerebro humano reacciona a las palabras clave que le interesan con la misma pasión que mi perro cuando oye la palabra «CALLE», o mis hijos de pequeños con la palabra «PARQUE». Reaccionaban hacia los columpios más rápido que Usain Bolt.

En cambio, la palabra «COLE» era como si hablara en klingon; un sonido del más allá que su cerebro infantil decidía ignorar olímpicamente. Igual que mi perro con la expresión «¿qué has hecho?», que parece que nunca va con él aunque lo mires.

En el mundo de las ventas, tener un máster sobre escucha selectiva es fundamental. Si quieres captar la atención de alguien debes usar las típicas palabras mágicas, como las que utilizo para llamar la atención de mi perro. Pero en vez de «calle» o «comer», las adecuadas son «descuento», «oferta» o «gratis». De lo contrario, todo lo que digas será ruido de fondo. Esas palabras —u otras según el mercado en el que te muevas— mantienen la atención, y si las dices un poquito más alto para despertar al escuchador selectivo, mejor.

Por otro lado, mientras intentamos escuchar, nuestra mente resuelve problemas que no tienen nada que ver con el momento. «¿Qué voy a hacer de cena hoy?» Si hay preocupaciones importantes, los pensamientos ocuparán la mente e impedirán una óptima capacidad de escucha.

# «VIAJES EXPRÉS AL PASADO»

El cerebro, que es muy majo, a veces nos boicotea y piensa: «Ah, ¿estás escuchando algo importante? Perfecto. Este es el momento ideal para que recuerdes esa conversación incómoda que tuviste hace ocho años». Que de repente te pones rojo, la gente te mira y cree que es por lo que está pasando en el presente, pero en realidad tiene que ver con tus pensamientos.

Tu cerebro decide hacer un «viaje exprés al pasado» y tu cuerpo reacciona a esos recuerdos, como si estuvieras viviendo ese momento otra vez. Sin embargo, la gente a tu alrededor no tiene ni idea de lo que ocurre en tu cabeza. Ellos solo ven que te sonrojas, te rascas la oreja o te muerdes los labios, o si la conversación es telefónica, te quedas callado o hablas más lento. Piensan que tiene que ver con lo que está sucediendo en el presente. Pero no; tu cerebro simplemente decidió que era el momento ideal para recordarte tu peor vergüenza.

Y así se generan los malentendidos. El lenguaje no verbal es increíblemente poderoso, pero también puede ser saboteador, y no precisamente del momento actual. Él sabe muy bien rizar el rizo.

Lo que tu cuerpo expresa no siempre tiene relación con el presente, sino con esa conversación interna que a veces es un monólogo caótico. Mientras la gente piensa que te estás comportando raro porque no te gusta el tema de conversación, en realidad estás pensando: «¡No puedo creer que le envié a la administradora de fincas un mensaje que era para mi novio!».

Por eso, muchas veces la comunicación se distorsiona. La gente interpreta tus gestos y reacciones como una respuesta directa del momento actual. Y puede que en ocasiones sea así , pero en otras, la mente está viviendo una fiesta mental completamente distinta, viajando a otros tiempos o resolviendo preocupaciones internas.

## Un minuto de silencio por todas esas preguntas que fueron frenadas con un «no» a destiempo

En nuestro mundo existen también criaturas fascinantes que dicen «NO» antes de que acabes de formular la pregunta. Gente que merece, como castigo, oír durante veinticuatro horas en bucle la *performance* de gritos de Yoko Ono.

Estas criaturas humanas parecen tener un «hiperdesarrollo del lóbulo anticipatorio», ese rincón del cerebro que les permite, o eso creen, adivinar el futuro y todas las posibilidades... erróneas.

Seres con una gran velocidad de juicio: tienen la habilidad de bloquear cualquier propuesta sin haberla escuchado y una confianza absoluta en su propia certeza: viven en un universo paralelo donde solo existen dos respuestas: NO y NO. Y por supuesto, son rápidos bloqueadores sociales.

Les gusta detener cualquier iniciativa o sugerencia con la precisión de un portero de fútbol en el último minuto de un mundial. Pero en su caso no están deteniendo un gol, están frustrando tus esperanzas de mantener una conversación lógica.

Los efectos emocionales que producen en ti estas personas se traducen en frustración inmediata, sensación de invisibilidad, refuerzo negativo (miedo a formular más preguntas), incomprensión y rabia contenida. ¡HUYE!

¿Puedes responder «NO» cuando finalice la pregunta? Pues claro que sí. PERO NO ME INTERRUMPAS LA PREGUNTA CON UN «NO» PORQUE ENTONCES TENGO QUE SUJETAR EL CUBATA DE MI SISTEMA NERVIOSO.

## «TÚ Y LOS OTROS»

Escuchar es la mejor manera de relacionarnos con los otros. Pero esta interacción, esencial para el futuro de la raza humana, a veces no es tan sencilla.

Al interactuar con otros, cada participante lleva consigo un proceso químico único y distintivo.

La clave para una interacción exitosa radica en nuestra capacidad para manejar estas diferencias. Cuanto mayor sea nuestra madurez emocional, mayor será la probabilidad de éxito en nuestras relaciones.

Pero en ocasiones, todos sacamos el BICHO BOLA que llevamos dentro...

**¿Conocéis a los oniscideos, «bichos bola» para los amigos? A mí me fascinaban de pequeña. Los tocaba para que se hicieran bola y los juntaba todos en una esquina del patio de mis abuelos. Los pobres bichos estaban aterrorizados, hechos una bola, mientras yo, supercontenta, me creía una amante de la naturaleza contratada por National Geographic. Mi hermana se comió uno creyendo que era un conguito. Al enterarse mis abuelos, asesinaron a todos sin piedad. UN DRAMA.**

Cuando un bicho bola se siente amenazado, su respuesta defensiva más característica es enrollarse sobre sí mismo formando una bola compacta.

Los bichos bola tienen sensores en su cuerpo que detectan vibraciones y cambios en el entorno. Cuando perciben una amenaza, como un depredador o un objeto que los toca, activan su respuesta de defensa.

Pueden permanecer enrollados durante mucho tiempo hasta que consideran que el peligro ha pasado.

Además de enrollarse, algunos bichos bola pueden excretar líquidos desagradables o tóxicos para disuadir a los depredadores.

## ¿Que por qué me enrollo como los bichos bola hablando de los bichos bola?

Porque tienen un tremendísimo paralelismo con nuestra conducta emocional y la forma en la que manejamos el estrés o las situaciones que percibimos como amenazas.

Cuando un bicho bola siente que algo malo va a pasar, ¿qué hace? ¡Se hace BOLA! Su respuesta automática es cerrarse, protegerse, aislarse del peligro y quedarse quieto hasta que pase la tormenta.

Pues bien, los humanos, aunque no nos enrollamos literalmente (ojalá pudiéramos), hacemos algo muy similar cuando nos enfrentamos a situaciones que nos estresan o nos abruman.

En términos emocionales, nosotros también tenemos nuestros «momentos bicho bola» cuando, ante una amenaza, lo que hacemos es cerrarnos, bloquear nuestras emociones o evitar el conflicto.

**Los bichos bola representan perfectamente la EVITACIÓN EMOCIONAL. Nos hacen ver cómo muchas veces preferimos cerrarnos, refugiarnos en nosotros mismos, y no lidiar con las emociones incómodas. Cuando nos sentimos vulnerables, heridos o amenazados, puede resultar tentador hacernos los «invisibles» o insensibles, como un bicho bola que espera a que pase el peligro sin enfrentarlo directamente.**

PERO JORGE, ES SOLO UNA DISCUSIÓN. NO TIENES POR QUÉ PONERTE ASÍ.

. CAPÍTULO 2 .

# < APRENDER IMITANDO - CONECTAR SINTIENDO >

★

**«SENTIR ANTES DE COMPRENDER.»**

*- Jean Cocteau -*

El verdadero éxito en las relaciones humanas podría radicar en la manera de activar las NEURONAS ESPEJO de los demás.

Corría el año 1996 cuando la tele de tubo aún ocupaba la mitad del salón, un Tamagotchi te hacía sentir la presión de ser responsable por primera vez en la vida, conectarse a internet sonaba como la flauta travesera tocada por mis hijos, el Windows 95 se lo tenía muy creído todavía y una pobre oveja llamada Dolly ignoraba ser un plagio de otra.

En esta época, llena de sorpresas tecnológicas que esclavizarían nuestro futuro digital, se encontraba un buen día un señor neurocientífico llamado Giacomo Rizzolatti con su equipo en un laboratorio de Parma, acompañado de macacos (el equipo era de humanos, los macacos estaban ahí como sujetos de análisis).

Estudiaban el cerebro de estos macacos (los monos sin hacer preguntas, claro, ellos a sus plátanos y a sus movidas) cuando descubrieron unas neuronas muy peculiares que se activaban no solo con ciertos movimientos, sino también cuando el animal observaba esos mismos movimientos en otros monos. Acciones de imitación. De ahí el nombre de NEURONAS ESPEJO.

Gracias a este descubrimiento, comenzaron estudios que sugerían que las neuronas espejo podrían ser también responsables de la empatía. Investigadores como el doctor Francisco Aboitiz indican que, aunque hay personas más escépticas a extrapolar esto a situaciones más elevadas como la empatía, el sistema espejo, al estar relacionado con la imitación, también podría estarlo con la empatía. Si hay asociación entre lo que observas en la otra persona y lo que tú mismo/a sientes a nivel motor y sensorial, lo mismo podría pasar a nivel emocional.

Pero enfoquémonos en la imitación y en el aprendizaje de los demás (donde las neuronas espejo sí juegan un papel).

Si sabes de qué forma activar las neuronas espejo de los demás, tendrás éxito social. No estoy hablando de fama, sino de saber crear lazos rápidamente.

Vamos a llamarlo CREAR SINTONÍA.

## «MI VECINA»

Tengo una vecina con la que es prácticamente imposible crear esa sintonía. Si no la saludo porque no me he dado cuenta (ella me saluda de lejos, y yo voy entretenida con mis auriculares, mi música, mis pensamientos), se enfada, y a veces hasta aparece en mi puerta exigiendo explicaciones.

Una vez intuí verla a lo lejos. Quise evitarla y me escondí en casa de otra vecina. Esta, a su vez, aprovechó la oportunidad para venderme una Thermomix con sus sabias artes sibilinas expertas en despertar neuronas espejo en el momento oportuno. Ahora, cada vez que hago una crema de verduras, una salsa boloñesa o un gazpacho, recuerdo que tengo que estar atenta a los saludos para no arruinarme.

¿O quizá fuese una trampa perfectamente entrelazada y yo caí en sus redes?

¿Una trampa perfectamente tejida entre las dos vecinas, urdida en las sombras, mientras yo caía como una mosca? Porque, sinceramente, a mí esto me huele a conspiración más que a casualidad.

Me imagino una escena de las dos, un flashback estilo película de suspense, con música tensa de fondo, en blanco y negro, donde se las ve en una habitación oscura, con planos cortos de sus retorcidos rostros, mientras trazan un plan perfecto para hacerme caer.

Las cámaras enfocan sus manos entrelazadas como si sellaran un pacto secreto. «Tú la distraes con los saludos, ella te esquivará pasando por mi casa y yo le vendo la Thermomix», dice una con risa maquiavélica mirando a cámara y... fundido a negro.

Y aquí estoy yo, en el presente, sirviendo gazpacho en mi plato, con la sensación de que en algún lugar, ellas están brindando por su éxito.

A ese arte de saber crear sintonía con los demás se le llama también RAPPORT. (A mí no me juzguéis, yo no me he inventado este palabro.)

En el mundo empresarial y en el postureo linkediano, al acto de crear sintonía en las relaciones se le llama ESTABLECER RAPPORT.

Este concepto está intrínsecamente relacionado con las neuronas espejo. Cuando dos personas experimentan rapport, se activan áreas cerebrales relacionadas con la empatía. Las neuronas espejo facilitan dicha empatía al permitir que una persona «refleje» internamente las emociones y acciones de otra.

Imagina un bebé con su madre sentados frente a frente, una escena adorable de un día cualquiera. El bebé, con esos ojos brillantes e inocentes que solo pueden tener las criaturas que no pagan hipoteca, mira a su madre con expectativas de recibir su ración diaria de amor y mimos.

Y así es: la madre le sonríe, le hace gestos graciosos y el bebé responde con risas, balbuceos. Una bella sintonía.

Hasta aquí, todo parece una hermosa escena sacada de un anuncio de Dodot. Pero entonces llega Edward Tronick, doctor en psicología del desarrollo, con su experimento de la «cara quieta». En él quiere demostrar cómo la sintonía emocional entre un bebé y su madre son esenciales para el bienestar del pequeño. Fue en 1978, cuando la ciencia no sabía nada de las neuronas espejo ni de la oveja Dolly, pero «Grease» arrasaba en los cines y España estrenaba Constitución.

Las neuronas espejo permiten al bebé reflejar y entender las emociones de su madre, y lo ayudan a sentirse conectado y seguro. Cuando la madre deja de responder emocionalmente y mantiene una «cara quieta», esa sintonía se rompe. Como resultado, las neuronas espejo del niño no tienen con qué trabajar, lo que provoca que el pequeño se sienta desorientado y estresado.

Tronick demostró que la sintonía emocional es fundamental para que el bebé se desarrolle de manera saludable.

El experimento de Edward Tronick denominado «Still Face Experiment» es un estudio clásico en la psicología del desarrollo. Ilustra la importancia de la interacción social y cómo las respuestas emocionales están influenciadas por nuestro entorno, en este caso un bebé y su madre.

Este experimento también nos ofrece una visión sobre cómo los estímulos sociales y las neuronas espejo juegan un papel crucial en el desarrollo emocional y el aprendizaje.

## «STILL FACE EXPERIMENT DE EDWARD TRONICK»

**Diseño del experimento**

- En el experimento, una madre interactúa normalmente con su bebé, jugando y respondiendo a sus gestos y vocalizaciones. Esta parte muestra una interacción saludable y receptiva.
- Luego, la madre de repente mantiene su rostro inmóvil y sin expresión («cara quieta») durante un período breve. No responde a las acciones del bebé, manteniendo una expresión neutral y sin emociones.

**Reacciones del bebé**

- Al principio, el bebé intenta atraer la atención de la madre mediante sonrisas, gestos y vocalizaciones.
- Cuando la madre no responde, el bebé muestra signos de estrés y angustia. Puede empezar a llorar, apartar la mirada y mostrar comportamientos de desorganización emocional.

Esta reacción muestra cómo los bebés dependen de las respuestas emocionales de sus cuidadores para regular sus propias emociones y sentirse seguros.

Al principio el bebé no se rinde fácilmente. Intenta atraer la atención de la madre persuadiendo con su carita insoportablemente comestible. Sonríe, hace ruiditos, mueve sus manitas, todo en un intento desesperado por recuperar ese contacto visual y esa conexión emocional que, hasta hace un segundo, estaban allí. Pero nada. La madre sigue en modo «cara de piedra».

Es en este momento cuando el bebé entra en un estado de ansiedad. El estrés comienza a aparecer, frunce el ceño, llora e incluso comienza a desorganizarse emocionalmente. De repente su mundo seguro y predecible da un giro de guion.

Ahora, vayamos un poco más allá en lo que ocurre dentro de la cabecita del bebé. Durante la interacción normal, cuando mamá y bebé están sincronizados, las neuronas espejo del bebé realizan su trabajo a la perfección. Estas neuronas, que tienen la función de «copiar» lo que ven, están en pleno rendimiento, reflejando las emociones positivas y manteniendo al bebé en un estado de bienestar y seguridad.

Pero cuando la madre se transforma en una esfinge sin emoción, las neuronas espejo se quedan sin trabajo. Es como si dijeran: «Oye, ¿qué se supone que debemos copiar aquí? ¡No hay nada!». Y entonces, como un bicho bola que se enrolla al sentir peligro, el sistema emocional del bebé se cierra, protegiéndose así de lo que percibe como una amenaza.

También refuerza la sensación de inseguridad. En otras palabras: el bebé pasa de ser un bicho bola relajado y estirado a un bicho bola completamente enrollado.

Ese bebé creció y, años más tarde, abandonó a su madre en una gasolinera.

Lo de la gasolinera me lo he inventado, pero de alguna forma se vengó, fijo.

## ¿Qué nos enseña este experimento?

El experimento de la cara quieta nos enseña el proceso y la importancia de las interacciones sociales, y cómo nuestras emociones están profundamente conectadas con las respuestas de los demás. Nos recuerda que nuestras conexiones con los otros son cruciales para nuestro bienestar emocional. Y que, al igual que los bebés, dependemos de esas señales de interacción para sentirnos seguros y felices.

Este cambio en nuestra percepción y en la calidad de las interacciones afecta a nuestra química cerebral: los niveles de neurotransmisores que controlan el bienestar y la confianza, como la dopamina, la serotonina y la oxitocina, disminuyen. Todo ello contribuye a la sensación de malestar y ansiedad.

Después de comprender este proceso, podemos ver claramente cómo funcionan las relaciones humanas.

Cualquier gesto, acción o palabra tiene el poder de activar nuestras neuronas espejo, influyendo directamente en nuestra química cerebral y, por ende, en nuestro bienestar emocional. Y por supuesto en el aprendizaje.

Podemos hacer feliz a una persona, fortaleciendo su confianza y seguridad. O por el contrario, podemos causarles estrés y ansiedad, simplemente con nuestras respuestas o con la falta de ellas. La manera en la que interactuamos con los demás tiene un impacto profundo en el estado emocional y mental de los otros.

## IMAGINA ESTA SITUACIÓN

Te han invitado a una convención internacional para dar una charla en una sala de congresos importante de una gran ciudad. Es un reto significativo, ya que nunca has salido de tu entorno para realizar otros proyectos. Estás feliz.

Llegas.

Nadie te habla, nadie te sonríe. La gente pasa y ni te mira. Estás parado/a ahí, en la mesa de recepción, donde no hay nadie. No sabes adónde ir, miras a un lado y al otro. De repente, detrás del mostrador asoman tímidamente unas gafas apoyadas sobre la punta de una nariz que parecen pertenecer a una persona con gesto avinagrado. Esa persona no estaba informada de tu llegada y parece que tampoco sabe que está viva. Hay gente muerta con más energía. Apenas hace esfuerzos por ayudarte y ni una pregunta, oye.

¿Qué está pasando en tu cerebro? Las neuronas espejo se «han desactivado», no hay nada que copiar excepto inquietud. No hay sintonía, te sientes incómodo/a. La ansiedad comienza a aparecer y tu autoestima a deteriorarse. Todo ello unido, además, a la rabia contenida. Esto hace que disminuyan tus niveles de neurotransmisores del bienestar. Tal barullo químico tiene lugar en muy poco tiempo (bicho bola enrollado).

Pero de repente alguien se acerca: te sonríe, te saluda y te llama por tu nombre. ¡Bien!, hay sintonía. Tus neuronas espejo se activan. Tú también sonríes, te tranquilizas y te sientes más cómodo/a. Es como si tu cerebro dijera: «¡Seeehhh, esta persona parece de confianza, hay que relajarse!» (bicho bola estirado).

Empiezas a fabricar oxitocina. Sí, esa hormona que se libera durante el parto y la lactancia y que también se conoce como la «molécula de la confianza», porque influye en las relaciones interpersonales.

Bien, ahora extrapolemos esto a nuestra vida adulta y a nuestra conducta social. Si sabes activar correctamente las neuronas espejo de los demás, crearás sintonía en tu entorno. Esto es una obligación ética tanto en las relaciones sociales como en las profesionales.

Cada gesto, mirada, tono en la voz o el tipo de SILENCIO puede provocar en el otro felicidad o inseguridad y rechazo.

## «EL SILENCIO COMUNICA MÁS QUE LAS PALABRAS»

Recuerdo divertirme tanto con mis amigos de la adolescencia en mi querido barrio de Madrid (Laura, Chelo, Emi, Medi, Carba, Rullas, Cris, Nieves, Jaime..., un abracito para todos ellos y un recuerdo muy especial para Nieves y Jaime porque, tristemente, ya no están) que se me olvidaba la hora de volver a casa.

Bueno, más bien la hora que mis padres estimaban. En aquellos tiempos prehistóricos, contactar con tus padres para pedirles más tiempo de diversión se hacía desde una cabina telefónica. Sí, esas donde echabas moneditas y la llamada se te podía cortar a mitad de la conversación en el momento más crítico.

Una de esas veces llamé a casa y mi padre contestó. Le pregunté si podía quedarme más tiempo. Al otro lado del teléfono solo había silencio. Mis neuronas espejo redujeron su actividad al instante y mi rabia empezó a salir a escena mientras escuchaba ese silencio atronador. Mi padre me estaba haciendo el cruel «caraquieta» de Tronick pero por teléfono. No hacían falta palabras. Me fui para casa.

## «YO APRENDO DE TI, TÚ APRENDES DE MÍ»

Las neuronas espejo nos hacen sentir empatía pero también rechazo. Podemos enfadar a PERFECTOS DESCONOCIDOS simplemente con nuestras apariciones en público, convertir el bienestar de los demás en un auténtico infierno y arrasar con nuestra actitud como un Atila en Aquilea. ¿Cómo? Simplemente si la respuesta a las siguientes preguntitas que, como buena primate humana, voy a hacer es positiva:

¿Vas sin auriculares con música o vídeos a todo volumen en el transporte público? ¿Hablas por teléfono en voz alta en los espacios públicos? ¿Tienes los auriculares puestos cuando alguien te habla? ¿Estornudas o toses sin cubrirte la boca en entornos donde hay gente? ¿Estacionas en dos plazas de aparcamiento? ¿Cambias de carril sin poner el intermitente? ¿Haces ruido masticando mientras ves una película en el cine? ¿Paseas a tu perro sin recoger sus cacas? ¿Pitas en los semáforos? ¿Te cuelas sin respetar tu turno? ¿Abandonas el carrito en cualquier sitio del supermercado? ¿Dejas el equipo del gimnasio sin limpiar después de usarlo? ¿Fumas en lugares prohibidos?

Cualquier cosa que hagamos, por pequeña que sea, influye en los demás debido a la activación de varias áreas del cerebro que manejan emociones, juicio y empatía. Las conductas incívicas pueden desencadenar respuestas de estrés, irritación y frustración. Esto puede afectar el bienestar emocional de quienes nos rodean y crear más obstáculos a gente que, quizá ya de por sí, no está pasando por un buen momento, provocando secuencias de hechos impredecibles.

Por lo tanto, es importante ser conscientes de cómo nuestras acciones impactan en los demás y esforzarnos por mantener un comportamiento cívico que promueva la empatía y la armonía social.

Pero vamos, que si has abandonado un carrito del supermercado a su suerte atravesado en el parking pero luego has sujetado la puerta del ascensor para esperar a tu vecino, tienes medio punto, ¡caoquesí!, vas bien.

## «CUANDO YA NOS CONOCEMOS»

En nuestros entornos sociales, donde ya conocemos a las personas y sus actitudes, es más difícil reducir la activación de las neuronas espejo de manera abrupta. Esto se debe a que tenemos un conocimiento previo de las expectativas y comportamientos de los demás, lo que facilita una respuesta empática y sincronizada. No obstante, nuestras acciones y conductas aún pueden afectar la activación de estas neuronas de manera sutil e imperceptible.

Aquí también voy a volcar una serie de preguntitas:

¿Llevas un tupper de pulpo al trabajo, lo calientas en el microondas y dejas toda la oficina con olor a marea baja? ¿Das la mano blandengue cuando saludas? ¿Interrumpes cuando alguien está hablando? ¿Respondes con monosílabos en una conversación? ¿Haces clip repetidamente con el bolígrafo en una reunión? ¿Respondes llamadas en medio de una conversación? ¿Hablas de temas personales inapropiados en entornos de trabajo? ¿Haces ruido con los cubiertos al comer? ¿Usas el último trozo de papel higiénico sin reponerlo? ¿Cierras la tapa del váter? ¿Dejas pelos en la ducha? ¿Hablas demasiado cerca de la cara de alguien?

Existen infinitas situaciones que influirán en el bienestar del otro y modificarán la química de su cerebro.

En muchos casos, especialmente en entornos profesionales, las personas no comunican abiertamente sus emociones o molestias. Esto se debe a normas sociales, miedo al conflicto o simplemente porque no consideran necesario expresar cada descontento. Sin embargo, las emociones negativas pueden acumularse sin que hayan sido resueltas, afectando la dinámica del grupo y sumándose a las ya preexistentes.

## «EFECTO MARIPOSA»

Cualquier acción que realizamos tiene un impacto en los demás y puede desencadenar un efecto mariposa.

Del mismo modo que el aleteo de una mariposa puede provocar un tsunami en otra parte del mundo, un mal aparcamiento de alguien en Madrid podría causar una profunda tristeza en un señor con bigote en Santiago de Chile.

**Imagínate a ese señor con bigote en Santiago de Chile, que recibe una noticia que lo va a sumir en una profunda tristeza. Y todo por un mal aparcamiento en Madrid. ¿Qué ha pasado? REBOBINEMOS:**

Carlos ha decidido ocupar un espacio más amplio de lo necesario y ha estacionado su coche entre dos plazas de aparcamiento del Aeropuerto Adolfo Suárez Madrid Barajas (quénombremáslargopordiosito).

Quizá no hay maldad en ello, pero sí dejadez, y una manera de actuar que obedece al pensamiento de que el mundo es suyo. Solo está él.

Su falta de precisión provoca que deje un espacio tan reducido a los lados que apenas permite que nadie pueda aparcar. Su «pequeña» distracción, que para él es intrascendente, va a ser el primer eslabón de una cadena de acontecimientos que acabará afectando a una familia al otro lado del mundo.

Laia viajaba con su hija pequeña. Tenía la misión de coger un vuelo a Santiago de Chile para que su padre conociera a su nieta. Fue la primera en recibir el impacto. Después de recorrer el aparcamiento en busca de una plaza, encontraron ese minúsculo hueco que dejó Carlos. Intentaron estacionar con mucho esfuerzo, encajándose en el limitado espacio disponible. Tras varios intentos, consiguieron aparcar, pero salir del coche ha sido un reto casi imposible. Después de forcejear, perder tiempo y paciencia, finalmente consiguieron liberarse, pero el retraso ya era irremediable.

AEROPUERTO
Terminal 6
EMBARQUE
CERRADO

Corrió hacia la terminal con su hija, pero llegó tarde. El avión que las debería llevar a Chile ya había cerrado las puertas de embarque y las dejó varadas en el aeropuerto. Mientras tanto, en Santiago, Fernando, que esperaba ansioso conocer a su nieta por primera vez, recibió la devastadora noticia: no llegarían.

No habría abrazos, ni encuentros familiares esa Navidad. El abuelo, sumido en una profunda tristeza, tendría que esperar otro año para conocer a la pequeña. No había plaza en otros vuelos ni alternativa porque, como todos sabemos, son fechas complicadas.

Todo este caos fue provocado por un simple descuido de Carlos. Él ahora, sin saber nada de lo que ha sucedido, disfruta de sus vacaciones en las islas Mauricio. Ajeno a la cadena de obstáculos que dejó tras de sí, presume con sus amigos de lo «buena persona» que es. Todo porque le cambió a una familia su asiento en el vuelo para que estuvieran juntos.

Si él supiera...

## «LO QUE NO DICES, EL TIEMPO LO GRITARÁ»

Las interacciones humanas, especialmente en el ámbito profesional e incluso en el familiar, son como un laboratorio químico; cada comentario, mirada y gesto puede cambiar la fórmula mágica del bienestar.

Imagina: en la oficina, una vez Pedro interrumpió a Santi en una reunión. Santi, en lugar de decírselo, se lo guarda para sí mismo, pero se lo cuenta a todo el mundo... excepto a Pedro.

Ahora, todos en la oficina llaman a Pedro «el Interruptor», pero él no tiene ni idea de que tiene ese apodo. Como no tiene la oportunidad de redimirse, sigue interrumpiendo alegremente, sin saber que es famoso por eso. Es como si estuviera en un *reality show* donde él es el único que NO tiene acceso a las cámaras.

Guardar una molestia en tu cabeza es como dejarte unos boquerones fuera de la nevera y olvidarte de ellos; con el tiempo se estropearán y el mal olor de la putrefacción se notará. Tu cerebro funciona igual; cuando dejas que un resentimiento se acumule sin expresarlo, empiezas a producir cortisol, la famosa «hormona del estrés». Y no solo eso, mirarás a la otra persona como si te debiera algo pero no le dirás nada.

Todos hemos pensado alguna vez: «Uf, mejor me callo, no quiero problemas». Pero ES LO PEOR. Tu cerebro no tiene el botón de «olvidar daño». Al contrario, cada vez que te cruces con la persona que te hizo enfadar, tu amígdala (que es una saboteadora) se activará como si fuera el final de una serie dramática, pero con el doble de tensión.

Y ahí empieza el envenenamiento: tu cerebro se carga de estrés, tus pensamientos se hacen más oscuros, y de paso, se lo contagias a los demás.

Todo por no haberle dicho al otro con naturalidad: «Esto que hiciste me dolió».

## «¡YO LO DIGO TODO A LA CARA!»

Pero, ¡ojo!, decir lo que te molesta no significa lanzar un «¿Quieres que te sea sincero/a?» o «Yo lo digo todo a la cara». Estas frases, científicamente hablando, SON COMO SERVIR LEJÍA EN UNA COPA DE VINO.

Detrás de ellas suele haber rabia contenida, y lo que se expresa no es exactamente asertividad, sino una explosión emocional que podría causar más daño que la misma ofensa. En lugar de sanar, estás desatando un terremoto emocional. Si alguien te suelta esa frase, la reacción natural sería pensar: «¡Señor, llévame pronto!».

La asertividad es, básicamente, expresar tu opinión, aunque esté en contraposición con todos los demás, sin crearte enemigos. Requiere cuidado, amabilidad, cortesía y verdad. Difícil, ¿eh? Es un arte. Hay que saber detectar también en qué estado emocional están los otros antes de trasladar un mensaje complicadillo.

Ahora, no confundas la asertividad con soltar la verdad como si fuera una bola de demolición. Eso no es ser asertivo, eso es ser un elefante en una cacharrería. La clave es encontrar ese punto intermedio sin ser una alfombra que todo el mundo pisa ni un huracán que lo arrasa todo a su paso.

Si te ha pasado lo del elefante puedes pedir disculpas, no somos perfectos. Las disculpas suelen ser aceptadas si las otras personas son coherentes. Pero si esta actitud es recurrente, las disculpas empiezan a sonar como la excusa de «el perro se comió mis deberes».

## «EL ARTE DE SABER DECIR "NO", SIN DECIR "NO"»

Esta habilidad tiene mucho que ver con nuestras queridas «neuronas espejo», esas que supuestamente nos hacen sentir lo que siente el otro. Es decir, si al decir «no» causamos una reacción negativa en el otro, nuestras neuronas espejo lo perciben y eso nos incomoda también. ¿Y quién querría esa incomodidad?

Imagina que alguien te pide hacer algo que realmente no te apetece. Responder con un «no» seco puede desencadenar una pequeña tormenta de emociones en el cerebro de la otra persona. En lugar de entrar en modo «a saco» (lo que activaría sus circuitos de estrés, o sea, más cortisol para todos), puedes recurrir a un truco mental: el «no» disfrazado de otra cosa.

Por ejemplo, si alguien te invita a una reunión que no te interesa, en lugar de soltar el clásico «No, gracias», puedes decir algo como: «Me encantaría, pero tengo otra prioridad personal. ¿Podemos buscar otra ocasión?». (O algo parecido. Si no hablas así normalmente busca algo que encaje con tu manera de expresarte sin decir un «NO» directo.)

De esta forma esquivarías el «no» mientras mantienes las neuronas espejo en modo «zen». Te mueves con elegancia alrededor del conflicto y ambas partes se sienten bien.

Este truco es esencial porque el cerebro humano es especialmente sensible al rechazo. Cuando decimos «no» de manera directa, el cerebro del otro lo recibe como un choque eléctrico. Pero cuando usas una respuesta más suave y flexible, la otra persona lo procesa como una negociación, no como una negativa, aunque sepa que es una excusa. Sus niveles de dopamina (la sustancia que regula el placer y la recompensa) no se desploman y sigue existiendo conexión.

## «LA TRAMPA DEL "SÍ" CONSTANTE»

Es importante aprender a no decir «sí» a todo, ya sea por pena hacia la otra persona, por miedo a las consecuencias o porque te sientes en una situación de indefensión. Es fundamental atreverte a decir «no» sin tener que ser brusco o directo, como hemos visto antes.

Si constantemente aceptas cosas por no saber cómo evitarlo, te convertirás en una persona atrapada en esa dinámica. Tu cerebro no funcionará de manera óptima y te convertirás en un muerto viviente. Cuando decimos «sí» por lástima o miedo, estamos permitiendo que otras personas controlen nuestras decisiones, y eso tiene un impacto directo en nuestro bienestar psicológico y neurológico.

Hay una fuerte influencia de la «presión social» que a menudo nos lleva a aceptar cosas que no queremos hacer. Procuramos evitar el conflicto, tememos ser rechazados y caemos en una especie de «conformidad social» donde preferimos decir «sí» para no desentonar. Sin embargo, al hacerlo, dejamos de ser fieles a nuestras propias necesidades.

Desde una perspectiva neurocientífica, decir «sí» constantemente, aunque en realidad queramos decir «no», activa respuestas de estrés en el cerebro. Cuando no somos capaces de expresar nuestras verdaderas emociones, el cerebro entra en un estado de disonancia cognitiva, es decir, un conflicto interno entre lo que queremos hacer y lo que realmente hacemos. Esto genera cortisol, la hormona del estrés otra vez. A largo plazo, esta hormona puede afectar negativamente nuestra salud mental y provocar ansiedad, fatiga y una sensación de sobrecarga.

Si te sientes incapaz de decir «no» una y otra vez, tu cerebro interpreta que no tiene control sobre la situación. Este concepto, estudiado por Martin Seligman (indefensión aprendida), demuestra que cuando las personas sienten que no pueden cambiar una situación, dejan de intentarlo, incluso cuando podrían hacerlo. Con el tiempo, esto conduce a una pérdida de autoestima y a la sensación de estar atrapado/a.

Evita la esclavitud emocional del «SÍ» porque provocará que tu cerebro esté siempre en modo «hipervigilancia», tratando de gestionar el estrés de las situaciones que no deseas. Esto, a largo plazo, puede llevar a un agotamiento prolongado emocional y físico.

Aprender a decir «no» sin utilizar un «no», de forma educada pero firme, es una habilidad que te libera del peso de la complacencia y optimiza tu salud mental y emocional.

## «PEQUEÑAS ACCIONES, GRANDES REPERCUSIONES»

Como hemos visto, nuestras interacciones diarias, por pequeñas que sean, tienen el potencial de influir en la vida de otros y demostrar que todos estamos interconectados emocionalmente.

Al igual que un simple bostezo, cada señal, desde una sonrisa hasta una mala cara, puede desencadenar reacciones en cadena que afecten a otras personas de manera inesperada. Las neuronas espejo, que nos permiten sintonizar y reflejar las emociones de los demás, amplifican este efecto. Cuando alguien se ríe o se enoja, otros a su alrededor pueden sentir lo mismo y crear un ambiente emocional colectivo.

Las risas enlatadas de las series son un truco maquinado por «genios» del neuromarketing. Aunque la escena sea más sosa que una acelga hervida, tu cerebro escucha risas y automáticamente activa su sistema espejo para hacerte creer que te estás perdiendo algo desternillante. O esa persona que cuenta una historia que no tiene ni pizca de gracia, pero se ríe como una hiena desquiciada. De pronto, ¡pum!, ahí estás tronchándote de la risa.

Ocurre igual con los aplausos: si todos aplauden, tú también. ¿Por qué no? Venga, más fuerte. ¿Y los suspiros? Uno suspira o resopla, y tu cerebro: «Qué aburrimiento tengo ahora mismo».

El estrés también es altamente contagioso. Un compañero entra al trabajo como un huracán emocional y de pronto tú estás igual, corriendo sin motivo como un pollo sin cabeza. Lo mismo pasa con las quejas gratuitas y el mal rollo.

Propaguemos buen rollo (con moderación, ¿eh?, a ver si luego nos va a doler la cabeza). Quizá ayude a aliviar el peso emocional que otros, en nuestro entorno, están cargando en su vida. Esta comprensión puede motivarnos a ser más conscientes y positivos en nuestras acciones. Cada pequeño acto puede contribuir a un cambio mayor en las personas que nos rodean.

## «NUESTRA ACTITUD HACIA LOS DEMÁS HABLA MUCHO DE CÓMO NOS ENCONTRAMOS INTERIORMENTE»

Me contaron una historia perteneciente a una escena de una serie brasileña de los ochenta titulada *Doña Beija*:

Doña Beija es una mujer que desafía las normas sociales de su época. Conducida al Palacio Imperial como prisionera, utiliza su inteligencia y encanto para ganar su libertad. Al regresar a su tierra se enfrenta al rechazo social, especialmente por las mujeres, que la ven como una amenaza. Pero ella emplea sus habilidades para promover el desarrollo de la comunidad.

Hay una escena en la que doña Beija recibe un regalo ofensivo de una de las vecinas del pueblo: una caja que contiene excrementos (CACA, SÍ, CACA).

En respuesta, doña Beija decide devolver el gesto con un regalo muy diferente: FLORES. Cuando le preguntan por qué, ella responde con una frase esclarecedora: «CADA UNO REGALA LO QUE TIENE DENTRO». Esta escena refleja muy bien su filosofía y su actitud frente a la hostilidad de sus detractores. Pero sobre todo ilustra cómo nos encontramos internamente.

››››››

# «RUPTURA DE RAPPORT»

El rapport, como hemos visto antes, es esa conexión mágica que sientes cuando todo fluye perfectamente entre dos personas, casi como si estuvieran en la misma sintonía mental. Es como cuando encuentras a alguien que te entiende tan bien que parece que habláis el mismo idioma secreto. Pero también se puede romper. ¿Cómo rompemos el rapport sin querer?

Por muy bien que haya empezado la conexión, hay ciertos comportamientos que la pueden destruir. Imagina a las neuronas espejo de ambos bailando al mismo ritmo, felices de imitar lo que hace la otra persona para mantener la conexión. Pero ciertos errores pueden hacer que se rompa el hechizo. ¿Cómo?

## Interrupciones y falta de escucha: «¿Me vas a dejar hablar o pongo música de ascensor?»

Si interrumpes a alguien cada dos frases, la otra persona lo traduce en su interior como: «¡Me importa una mierda lo que dices!». Como ya sabemos, las neuronas espejo son las responsables de ayudarnos a conectar. Para ello imitan y entienden las emociones del otro. Pero, cuando alguien no nos escucha, esas neuronas, que estaban listas para bailar, de repente se cruzan de brazos y piensan: «¿Para qué gastar energía en conectar si ni me escucha?». Resultado: desconexión.

## Lenguaje corporal negativo: tus gestos gritan lo que tu boca calla

Si, por ejemplo, desvías la mirada, te alejas con el cuerpo o muestras señales de desinterés, básicamente envías un «no me interesa tu rollo» con lenguaje no verbal. Las neuronas espejo son muy observadoras; les encanta captar cada gesto y devolverlo en forma de conexión. Pero si ven un muro corporal, se rinden. Lo que era un baile sincronizado se convierte en un «no hay nada que ver aquí». Sin contacto visual o gestos amigables, la conexión se apaga como una bombilla vieja.

## Malentendidos y juicios: el cerebro como juez sin licencia

Un clásico: alguien dice algo y la otra persona lo interpreta como una crítica o lo juzga sin entender bien el contexto. Al hacer esto, desactivamos el circuito neuronal de la empatía y lo cambiamos por el modo «sospecha». Ya no pensamos en conectar, sino en defendernos. Las neuronas espejo, en lugar de bailar al son del otro, se ponen a la defensiva como si fuera una batalla de *freestyle*.

¿Y después?

La cosa puede ponerse incómoda. Aunque las personas sigan siendo cordiales, sonrían y charlen de lo básico, en la mente de al menos uno de ellos queda ese «eco» persistente del «daño». Como si una parte de la conversación se hubiera quedado en *stand-by*, y hubiera generado una pequeña barrera invisible. La otra persona, mientras tanto, puede permanecer en la ignorancia total y pensar: «Todo va genial». ¿Cómo resolverlo?

La clave está en abordar el tema en el momento preciso y con el tono adecuado, sin culpabilizar ni ponerse a la defensiva. Si alguien te interrumpió y te hizo sentirte invisible, no hace falta convertirlo en un drama: simplemente, encuentra una manera amigable de decirlo. Algo como: «Oye, me quedé con algo por decir..., ¿puedo retomarlo?». Y listo. Les das a tus neuronas espejo la oportunidad de volver a bailar al mismo ritmo. PERO HAZLO, POR DIOSITO.

La ruptura de rapport puede resumirse como una cita en la que va todo genial, con mucha sintonía, y en un momento dado, le dices a la otra persona: «Me encantas porque me recuerdas mucho a mi ex».

SILENCIO INCÓMODO.

¿TE HABÍA DICHO QUE TE PARECES MUCHO A MI EX?
PLAT

## «CONTAGIO SOCIAL EN CONFLICTOS»

Estas mismas neuronas también se activan en situaciones conflictivas. Cuando estamos en un entorno violento o conflictivo, nuestras neuronas espejo pueden «imitar» esa violencia. Esto puede llevarnos a replicar comportamientos agresivos o conflictivos, sobre todo cuando hay una gran masa de gente. Al observar la violencia, estas neuronas se encienden como si nosotros mismos estuviéramos participando en ella, y puede influir en nuestro propio comportamiento. Es algo que ocurre en habitantes de países donde los conflictos armados son continuos, en una tragedia climática donde tienen lugar saqueos, en eventos futbolísticos o bien en individuos donde la personalidad no está aún consolidada, como los adolescentes o personas a las que les va la marcha de la rumorología negativa.

Es esencial contraatacar lo anterior, asumir la responsabilidad de activar las neuronas espejo de los demás de manera positiva. Para ellos es importante transmitir sentimientos de sintonía, afecto, seguridad, ingenio, bienestar y armonía.

Aunque las redes sociales pueden ser muy útiles para crear conexiones y fortalecer lazos, también tienen un efecto negativo. Si el discurso de alguien que promueve comportamientos dañinos se vuelve predominante, puede atraer imitadores.

## «EMPATÍA INVERSA»

Mis hijos, de pequeños, tenían un talento especial para saber exactamente qué le molestaba al otro. Eso también es empatía, pero usada a la inversa. Mi hijo activaba sus neuronas espejo como un radar y recogía todos los estímulos necesarios para planear la travesura del día hacia su hermana. Su mente funcionaba más o menos así: «¿Qué es lo que le puede molestar más a Noa?». Y claro, mi hija no se quedaba atrás; imitaba a su hermano y hacía lo mismo con él. Y cada uno utilizaba sus superpoderes de neuronas espejo para convertirse en unos auténticos villanos.

No pude devolverlos en su momento porque no estaba bien visto y me los tuve que quedar.

## TUTORIAL RÁPIDO PARA CONTACTOS NO ROMÁNTICOS CON OTRO HUMANO

*(o cómo no meter la pata en el primer contacto)*

### La primera puesta en escena

Ese momento en el que te acercas a alguien y, con una buena primera impresión, consigues que las neuronas espejo del otro se activen como por arte de magia. Esas neuronas están ahí para que nos sintamos reflejados en el otro y conectemos al instante. ¿Qué pasa cuando se consigue? Que la comunicación se vuelve más fluida que la mantequilla en pan caliente.

Si tienes el don de conectar instantáneamente, ¡enhorabuena! Esto puede deberse a dos razones:

**1. Lo traes de serie**

Te viene de fábrica. Lo llaman «carisma», pero en realidad es que dominas el arte de conectar sin esfuerzo y relacionarte de forma sana. Es como si tuvieras el poder de hacer que la gente se sienta cómoda, como si fueras una manta suave y calentita en una tarde fría. Este «carisma de serie» es como el oro: escaso y valioso.

**2. Hay algo en común o buenas referencias**

Quizá sois fans de la misma serie, os gusta la tortilla sin cebolla o vuestros abuelos son de Albacete y cada verano compartís la experiencia del gazpacho casero. Estas similitudes actúan como una especie de apertura emocional automática; abren las puertas a una comunicación fluida y confiada. Y si ambos sois del «*team* invierno» ya estaría todo apañaíto.

## Primer contacto

Tres claves infalibles para no espantar a tu interlocutor como si fueras un vendedor de enciclopedias a puerta fría:

### Autenticidad y sinceridad

La gente detecta el postureo a kilómetros de distancia. No intentes ser alguien que no eres porque, créeme, se nota. El postureo es como un anuncio de perfume; no tiene sentido. Si tu voz suena impostada o intentas ser «el gurú de la sinceridad cósmica», en lugar de conectar solo conseguirás que el otro busque la salida más cercana.

LA NATURALIDAD ES MUY PODEROSA: atrae, relaja y conecta. Nada de falsedad. Que la autenticidad esté contigo, amén.

### Buscar puntos en común

Este es un clásico que funciona como un comodín universal. Puede ser tan simple como descubrir que os gusta la misma música, que odiáis los *realities* o que, en algún momento, os habéis apuntado a clases de lucha grecorromana. Esos puntos en común actúan como un pegamento emocional: te alinean, te conectan y hacen que la conversación sea tan fluida como el kétchup que le echa mi hijo a mi maravillosa tortilla (sí, lo he desheredado).

**Mostrar comprensión**

Atención: cuando alguien te cuenta un problema, lo último que necesita es un curso de «consejos no solicitados». No te conviertas en un telepredicador del «yo en tu lugar...» a menos que te lo pidan explícitamente. Una simple actitud de comprensión y compañía (sin lanzarte a solucionar su vida) es la forma más humana y auténtica de conectar.

Mostrar apoyo sin juzgar es el equivalente a un abrazo simbólico. Además, esta actitud no solo hace sentir bien al otro, también fortalece la relación. Así que, por favor, deja los consejos en el fondo de la cartera hasta que te los pidan.

**Huye de personas dispensadoras de consejos constantes**, esas que en lugar de escucharte lanzan perlas de «sabiduría» y lecciones de vida a precio de saldo. Con ellas la conexión es casi imposible porque asumen que su manera de vivir la vida es la ideal. ¡Corre y no mires atrás! Si miras, te atrapará con una opinión que nadie pidió.

## «CONSEJOS NO SOLICITADOS»

Cuando una persona da consejos sin involucrarse emocionalmente ni comprender por lo que está pasando el otro, no está ayudando realmente a tu cerebro. El cerebro humano no responde bien a los «consejos no solicitados» porque estos activan nuestro mecanismo de defensa. De hecho, cuando alguien nos lanza consejos continuamente, se estimulan las mismas áreas del cerebro que cuando es-

¿Y PROBASTE A HACERLO MIRANDO LA RECETA?
POSTRES
HARINA
AZU

tamos bajo amenaza (bicho bola enrollado; bueno, más bien bicho bola excretando líquidos tóxicos).

Sería algo como la siguiente escena:

Estás cocinando un pastel por primera vez y se te cae la harina, la masa está quedando como una especie de hormigón armado de tal calibre que en vez de un pastel parece que vas a construir el Titanic. El horno se está quemando, sudores por todas partes... Y de repente, aparece tu hermana, se apoya en la esquina de la cocina y con una sonrisa condescendiente te dice: «tienes que seguir la receeeta», «deberías probar con menos azúúúcar». A ti te entran ganas de que se forme una tormenta solar masiva que acabe con todo.

Tú estás en mitad del caos de la cocina mientras esa persona ni siquiera se ha manchado de harina. Es fácil dar consejos cuando estás lejos del desastre. Pero no hay nada peor que recibir consejos cuando estás en pleno modo «supervivencia». En lugar de reducir el estrés, probablemente lo aumenta, y el cortisol aparece como ese verdugo sin piedad que convierte cualquier pequeño obstáculo en una revolución.

Lo ideal en este caso es acompañar y decir: «Venga, vamos a ensuciarnos las manos juntas». O no decir nada y AL LÍO.

**En otro orden de cosas...** (Me encanta esta expresión.)

Existe un mantra universal en la comunidad humana que dice: «Trata a los demás como te gustaría que te trataran a ti». Pero eso no tiene ni pies ni cabeza. A lo mejor a ti te encanta que te hablen justo al despertar, que te suelten un «que aproveche» mientras te zampas un bocata de calamares tamaño familiar, o que te lleven el desayuno a la cama (que, ejem, es más incómodo que romántico).

Hay gente que, aunque todo eso venga envuelto en papel de «buena educación», lo encuentra más molesto que el sonido de una mosca rondándote la oreja.

Es difícil cumplir el mantra, ¿eh?

## «RECORDAR NOMBRES: LA LLAVE SECRETA PARA CONECTAR»

Comencemos por el principio (pero mucho después del Big Bang, cuando empezaron los prejuicios —risas enlatadas—).

Imagina el momento en el que vas a tener un hijo y hay que decidir el nombre. Aunque lo tengas pensado, no es tan fácil. Entras en un campo de batalla psicológica: un nombre perfecto que debe superar una serie de filtros familiares, emocionales y culturales.

Sorpresa: a nadie le gusta tu elección.

¿Por qué? Porque para tu suegra «Mario» era el nombre del vecino que le arrancó las plantas; a tu prima, «Lorena» le recuerda a una compañera de secundaria a la que se le caían los mocos, y tu pareja no soporta «Ricardo» porque así se llamaba un jefe que le daba codazos. Bienvenidos a la tragicomedia de los sesgos cognitivos familiares: el musical.

¿Qué está pasando en tu cerebro (y en el de los demás)?

Asociaciones negativas: nuestro cerebro es una máquina de establecer conexiones. Gracias a la amígdala (esa saboteadora de la supervivencia) asociamos nombres con experiencias pasadas. Si conocemos a un «Luis» que eructaba el abecedario en los momentos más inoportunos, ese nombre va directamente a la lista negra.

A mi hija le quisimos poner «Matea». A nadie en nuestro círculo le gustaba (sí, ya sé que a vosotros tampoco). Alguien dijo: «Como la Matea esa del pueblo que era una cotilla» (la verdad es que, por lo visto, era tan cotilla que la utilizaron como prototipo para crear los algoritmos de redes sociales).

Hasta mi tía Elia nos sentenció: «Si la llamáis Matea, yo la voy a llamar "niña"». (En realidad, esa amenaza no nos afectó nada porque siempre nos llamó «niña» a todas las sobrinas hasta el final de sus días.) Total: que le pusimos Noa y fue como apagar la campana extractora.

Recordar los nombres de los demás es una forma de respeto. Hace que la otra persona se sienta especial y valorada. Nuestro nombre es la palabra más dulce que podemos escuchar porque está profundamente ligada a nuestra identidad y autoestima. Y no tiene por qué ser el mismo que el que nos pusieron al nacer.

¿Por qué nos encanta que recuerden nuestro nombre?

Hay regiones cerebrales que procesan información relacionada con nuestra identidad y, al escuchar nuestro nombre, se ilumina la atención.

En primer lugar: es crucial tener en cuenta que a la mayoría de las personas les agrada que se les recuerde por su nombre. Es nuestra marca personal, nuestra carta de presentación al mundo.

Desde una edad temprana aprendemos a asociar nuestro nombre con la atención y el afecto.

Cuando alguien recuerda y usa nuestro nombre, reforzamos esa asociación positiva, y eso mejora nuestra percepción de esa persona y la interacción en general. Dado que nuestro nombre es un estímulo relevante y familiar, tiende a captar nuestra atención selectiva, algo que facilita la comunicación y la conexión interpersonal.

Esto es válido para todas las personas excepto para mi madre, que a la hora de llamarnos tanto a mis hermanos como a mí, se hacía un lío con los nombres: Blan-Pe-Ny-Ki y nunca acertaba. Al final decía: «¡VENGA, A CENAR, COMO OS LLAMÉIS!».

## «LA TERRORÍFICA LLAMADA CON EL NOMBRE COMPLETO»

Todos sabemos que, cuando nuestros padres nos llamaban por el diminutivo, todo iba bien. PERO CUANDO NOS LLAMABAN POR EL NOMBRE COMPLETO, IBA A ARDER TROYA.

El nombre completo es el modo «castigo» en la escala parental. Es como si en el cerebro de los padres estuviera grabado que el nombre largo solo se usa en casos de emergencia disciplinaria.

Me pasa con mis hijos también. Es algo que heredamos cuando pasamos a ser padres, al igual que procesamos las frases de madre.

Un «María Dolores» nunca es para anunciar que ha llegado la pizza o unos churritos. Es más bien para informar que ha llegado su sentencia.

En mi imaginación es una herencia evolutiva que cruza especies y reinos. Porque si algo tenemos en común todos los seres vivos es la capacidad de provocar a nuestros padres.

Imagínate a una planta de tomillo enredándose con las malas hierbas del bosque.

Aparece su madre planta, furiosa, llamándola, por supuesto, por el nombre completo real: «¡Thymus vulgaris, recoge tus raíces de ahí ahora mismo!», o el padre de una cucaracha: «¡Blattella germanica, ven un momentito...!».

La madre de un tiburón ballena: «¡Rhincodon typus, ven *acá pacá* que te tengo que decir dos cositas!».

¿Algún biólogo en la sala que me corrobore esto?

Nuestro nombre es uno de los sonidos más importantes para nuestro cerebro, casi como si fuera nuestro propio eslogan. Desde muy pequeños hemos aprendido que, cuando alguien lo pronuncia, lo que viene después suele ser algo relevante: una llamada, una instrucción, un halago... o un «¡eso no se toca!». Al oír nuestro nombre se activa nuestro sistema de atención selectiva que nos ayuda a priorizar estímulos importantes de forma automática.

Desde el punto de vista evolutivo esta respuesta tiene sentido: es un mecanismo que nos ayuda a reconocer cuándo alguien nos necesita específicamente a nosotros, en lugar de lanzar una llamada genérica.

Nuestro nombre es un «acceso directo» a nuestra atención. Y cuando lo escuchamos en un tono amable o de aprobación (no en el caso del nombre completo), nuestro cerebro incluso libera dopamina, generando una pequeña recompensa que nos hace sentir bien.

Por eso usamos el nombre de otra persona para establecer una conexión más auténtica y memorable. Es un truco simple pero altamente efectivo: así generamos una *sintonía personalizada*.

Recordar el nombre de alguien siempre es un gesto que crea una buena conexión. No hace falta que lo metas en cada frase de la conversación porque generará desconfianza. Parecerá que le vas a vender algo.

En alguna ocasión me ha tocado presentar a un grupo y se me han olvidado los nombres. Mi solución magistral es: «Presentaos vosotros, que seguro lo hacéis mejor que yo». Sí, no soy un buen ejemplo.

Cuando alguien nos llama con un «oye» o nos asigna un número, esa conexión emocional se rompe. En lugar de reconocidos, nos sentimos «etiquetados», en el mejor de los casos, o como un «recurso» entre otros. Es como si, en lugar de invitarte a la conversación, te dejaran en la sala de espera.

*No somos «oye» ni números en una lista.* Necesitamos el reconocimiento personalizado que viene con nuestro nombre para sentirnos realmente involucrados y valorados en una interacción. Y eso, además de ser un truco social, hace que las conexiones humanas sean auténticas..., aunque a nuestras madres les cueste.

Es una parte esencial de la identidad de la persona. Por eso en mi barrio estaba el Chino, el Largo, el Botas, el Negro, el Chupa y el Chiqui, todos con su personalidad y orgullosos de sus sobrenombres, y solo atendían a ese.

Descubrimos su nombre de pila transcurridos muchos años. Todos, absolutamente todos, se llamaban Jose.

Todas estas consideraciones tienen mucho que ver con el «efecto de autorreferencia» y, por supuesto, con nuestro querido ego. Hay que alimentarlo: siempre tiene hambre.

# «LA SONRISA: EL EXTINTOR DE LOS MALOS ROLLOS»

Para activar sanamente las neuronas espejo del otro, lo mejor es empezar con una sonrisa (gesto de acogida humana), buscar conexiones y tratar al otro por su nombre.

Pero si tu sonrisa no va a ser sincera o no sabes sonreír, no sonrías. Por mucho que sonrías, si estás pensando «esta persona es tontísima», tu comunicación te delatará. El lenguaje no verbal no consciente contiene microexpresiones y posturas que, como hemos visto anteriormente, se rigen por los pensamientos.

Un tono amable y dinámico en la voz también puede ayudar.

En mi «humilde» opinión, la sonrisa es una actitud, una puesta en escena amable, no un muestreo de dientes, aunque hay varios experimentos que dicen lo contrario:

## EXPERIMENTO REALIZADO POR TOMKINS EN 1962

La hipótesis de retroalimentación facial. Según esta idea, la sonrisa provoca que nuestro entorno nos guste más y, por ende, contagia a los demás.

Basándose en esta teoría, un grupo de científicos quisieron comprobar si sonreír haría que las personas encontraran los anuncios publicitarios más divertidos. Para probar esta teoría, realizaron un experimento con ciento veinte personas, sesenta hombres y sesenta mujeres. Los dividieron en dos grupos de forma aleatoria: un grupo tenía que sonreír (levantando los músculos de la cara hacia arriba) y el otro grupo tenía que poner cara de no sonreír (bajando los músculos de la cara).

Después, a todos les mostraron dieciséis imágenes de anuncios con contenido humorístico. Lo que querían comprobar los científicos era si las personas que sonreían encontraban más graciosos los anuncios en comparación con las que no lo hacían.

Al final descubrieron que sí; las personas que sonreían mientras veían los anuncios, generalmente pensaban que eran más graciosos.

También detectaron que hombres y mujeres reaccionaban un poco diferente, y que no todos los tipos de humor en los anuncios eran igual de efectivos.

Este estudio demuestra la idea de que solo el acto de mover nuestros músculos faciales para sonreír puede hacernos sentir más felices y disfrutar más de las cosas.

Aprendamos de los chinos, que tienen un proverbio milenario que dice: «El hombre que no sabe sonreír no debe abrir tienda».

## «REGALA HALAGOS SIN ROMPER LA BARRERA DEL PELOTISMO ILUSTRADO»

Según la psicología positiva, un halago honesto no solo alegra a quien lo recibe, sino también a quien lo da. Es como un dos por uno. Al elogiar a alguien, tu cerebro libera oxitocina, te sientes más unido a esa persona y, de paso, más feliz contigo mismo.

Además, nuestras queridas neuronas espejo entran en acción. Al ver la sonrisa en el rostro del otro, tu cerebro la refleja y terminas sonriendo tú también. Es un efecto dominó de buen rollo.

Hay frases que se atribuyen a ciertos personajes históricos que en realidad no dijeron nunca. Si levantaran la cabeza fliparían. Así que no hagáis mucho caso a los epígrafes que hay en cada capítulo.

Por ejemplo, esta que no sé de quién es:

«Si crees que alguien se merece un halago y no se lo das, te estás quedando con algo que no es tuyo».

Hagamos realidad la frase. A nadie le sobra un «qué buen trabajo has hecho, Laura», un «qué bien te queda eso», o un simple «¡gracias por alegrarme el día!». Los halagos tienen la capacidad de iluminar la vida de los demás y mejorar la conexión humana. Y lo mejor de todo es que son gratis y se multiplican al usarlos.

La próxima vez que te venga a la cabeza un buen halago, no te lo guardes como si fuese información clasificada de los archivos del CNI o la fórmula secreta de la Coca-Cola.

## «PEQUEÑOS DETALLES COMUNICATIVOS»

Más allá de estas normas básicas de cortesía, nuestra comunicación es todo un espectáculo. Los gestos, las miradas e incluso esos suspiros que soltamos sin querer (o con toda la intención del mundo) tienen un impacto tremendo en cómo nos perciben los demás. Cada pequeño detalle de nuestra expresión corporal es como una nota en una partitura que el otro está leyendo.

¿Y las palabras? Sorprendentemente, son los extras de esta película.

Investigaciones clásicas sobre comunicación no verbal, como las de Albert Mehrabian, sugieren que, en una conversación, solo un 7 por ciento de la impresión que dejamos depende de las palabras en sí (aunque algunos expertos dicen que puede ser un 10 por ciento, pero no más).

Lo importante es el tono de voz y, cómo no, el lenguaje corporal. Cuando decimos algo, la persona no solo escucha las palabras, sino todo el «decorado» emocional con el que vienen.

Aquí es donde entra una de las grandes verdades: «El 10 por ciento de los conflictos se debe a una diferencia de opinión y el 90 por ciento a un tono de voz equivocado». No lo digo yo, lo dijo Kofi Annan.

El tono es ese matiz que puede hacer que un simple «¿estás bien?» suene como pasivo-agresivo, o un «ya me extrañaba a mí» se escuche como algo humorístico... o como una sentencia.

## «TENEMOS TENDENCIA A CONFIAR EN INDIVIDUOS PARECIDOS A NOSOTROS»

¿Por qué? PORQUE NOS SENTIMOS COMO EN CASA.

Es como estar en una reunión y ver a alguien con tu mismo estilo de peinado y que, además, odia los lunes tanto como tú. De repente te sientes en un ambiente de confianza. Nuestro cerebro es así de cómodo: «Si se parece a mí, probablemente no me va a lanzar piedras». De hecho, está comprobado que cuando imitamos ciertos gestos o el tono de alguien, creamos un vínculo casi instantáneo.

Veamos cómo funciona la magia de la *imitación sutil* para conectar con otro humano al estilo *camaleón social*.

### La coreografía silenciosa

Cuando adoptamos la postura de nuestro interlocutor, enviamos señales a su cerebro de que estamos en modo «sintonía». Y nuestro cerebro, tan fácil de impresionar, lo ve como una forma de sincronización y empatía. Es como decirle a la otra persona: «Ey, estamos en la misma onda», sin pronunciar una sola palabra. ¿Cruza los brazos? Tú los cruzas (pero no de forma obvia). ¿Se inclina hacia delante? Tú también (pero con suavidad, que parezca natural).

## El encanto del paralenguaje

Aquí entra el paralenguaje, que es básicamente el *cómo* decimos las cosas. Ajustar tu tono, acento y velocidad para que se acerquen a los del otro crea esa atmósfera de «parece que nos entendemos sin mucho esfuerzo». ¿Por qué funciona? Porque nuestras queridas neuronas espejo entran de nuevo en acción y crean esa familiaridad y comodidad que todos buscamos.

Estás hablando con un canario (humano de las islas Canarias) y de repente te sale una leve inclinación en el tono o una cadencia relajada. O estás con un amigo de Arkansas y, de forma sutil, ajustas tu velocidad al hablar. No es que de repente te conviertas en un experto en acentos, sino que afinas esos pequeños detalles que nos conectan de forma casi imperceptible.

Imagina lo contrario: tienes mucha prisa y estás intentando solucionar un papeleo, pero la persona que te atiende te habla muy despacio. Tu sistema nervioso está al borde del colapso por la incompatibilidad de frecuencias. Tu mente va a velocidad de avión de caza y la de la persona que te atiende es un triciclo oxidado moviéndose por un camino empedrado.

Me estoy estresando solo de describir esta situación. Hay una escena muy divertida en una película llamada *Zootrópolis* con unos perezosos como funcionarios administrativos que ilustran exageradamente y a la perfección este escenario.

## La imitación delicada

Si te pones en modo «loro» y copias cada gesto y cada palabra, corres el riesgo de parecer una caricatura barata. O lo que es peor, puedes incomodar al otro. La clave es la sutileza. Esto va de ser *un camaleón social*: no cambias de color a lo loco, sino que te adaptas ligeramente, como si te dejaras llevar por la sintonía del momento. La imitación, bien ejecutada, es casi invisible. Si te pasas, parecerás un actor en paro buscando desesperadamente un papel.

Si crees que no vas a saber hacerlo, no lo hagas, ¿para qué vas a querer conectar con tu amigo el de Arkansas que el único tema de conversación que tiene es sobre el río Misisipi?

## «LA ESTRATEGIA ES SEDUCIR»

Desde un punto de vista evolutivo, confiar en quienes son similares a nosotros podría haber tenido ventajas para la supervivencia.

Si alguna vez te has preguntado cómo ganarte la confianza de alguien o hacer que te miren con buenos ojos, la respuesta está en informarse del entorno. Estamos programados para confiar en las personas que se parecen a nosotros.

**Esta estrategia no solo funciona en la jungla de las relaciones sociales, sino también en el salvaje mundo del flirteo y las ventas.**

Cuando habéis intentado ligar, ¿cuál ha sido la táctica? ¿El viejo truco de «casualmente»?, ¿mencionar que también te gusta su grupo favorito?, ¿o que compartes su inexplicable amor por la coliflor y las películas de culto ochenteras? Estás en pleno proceso de activar sus neuronas espejo, necesitas que el cerebro de la persona a la que estás seduciendo diga por fin: «¡Wow, somos almas gemelas, estamos conectados!».

Por otro lado, en el ámbito de las ventas y la publicidad, las neuronas espejo juegan un papel crucial. Estas neuronas, que como ya sabemos se activan cuando observamos las acciones y emociones de los demás, son aprovechadas en neuromarketing para inducir sensaciones específicas, como la felicidad. Al ver a otras personas disfrutar de un producto, nuestras neuronas espejo generan una respuesta emocional similar en nosotros, y activan neurotransmisores asociados al placer.

Esta activación puede influir en nuestra decisión de compra. Las marcas y los vendedores utilizan estos principios para «contagiar» al comprador con emociones positivas o necesidades. Puede ser a través de imágenes, sonidos, o incluso mediante estrategias que evocan miedo o urgencia, para motivar la compra.

Cualquier vendedor astuto sabe que el primer paso para vender esa cortadora de pepinillos última tecnología es asentir con entusiasmo cuando el cliente dice que adora los pepinillos. Aunque en el fondo los huelas y vomites. Pero en ese momento amas los pepinillos con toda tu alma. «Sí, sí, yo también adoro los pepinillos, pepinillos todo el día, dispongo de un armario en casa lleno de botes de pepinillos», dirás, mientras tus neuronas espejo hacen malabares para mantener la fachada.

Parecernos a quien queremos influir es una táctica tan antigua como efectiva. No importa si es en una cita amorosa, haciendo amigos o cerrando un trato. Reflejar los gustos de los demás es jugar a ganar. Para eso no hace falta que sepas de ciencia, sino de supervivencia.

A partir de ahora, en vez de pensar solo en la empatía, piensa en cómo quieres activar las neuronas espejo de la otra persona. Verás cómo una cosa lleva a la otra.

## HISTORIA DE UNOS DÓNUTS

Esta historia es un excelente ejemplo de cómo los estímulos sensoriales pueden influir en el comportamiento humano como consumidores. Ocurrió en Corea del Sur, donde Dunkin' Donuts desarrolló una ingeniosa campaña de neuromarketing.

Dunkin' Donuts quería aumentar las ventas de café y dónuts en su red de tiendas, especialmente en las horas punta de la mañana, cuando las personas se desplazan hacia el trabajo. Se dieron cuenta de que una gran parte de su público objetivo usaba el autobús urbano, así que decidieron aprovechar ese espacio para influir en sus hábitos de compra.

La campaña consistió en lo siguiente: Dunkin' Donuts instaló dispensadores de aroma de café en varios autobuses urbanos de Seúl. Estos dispensadores estaban programados para liberar el olor a café justo cuando sonaba el *jingle* de los anuncios de Dunkin' Donuts en los altavoces del bus. Las personas no solo escuchaban el anuncio, sino que también olían el aroma de café recién hecho, creando una experiencia multisensorial.

Cuando la gente que iba en el bus olía a café mientras escuchaba la música de los Dunkin' Donuts pensaba: «¡Cómo me apetece un café con unos dónuts!».

Pero... ¿era decisión de ellos o lo habían decidido otros?

El aroma de café activaba el deseo de consumirlo (despertaba los neurotransmisores del placer). Y como la gente estaba de camino al trabajo, había una gran probabilidad de que pasaran por una tienda Dunkin' Donuts cercana a la parada del bus. El efecto fue impresionante: las ventas de café en tiendas cercanas a las paradas de buses aumentaron un 29 por ciento y la afluencia de personas a estas tiendas creció significativamente.

Este experimento mostró el poder del neuromarketing al conectar directamente los sentidos con el comportamiento de compra. Lo que era un simple anuncio se convirtió en una experiencia sensorial que influyó en la decisión de consumidores de manera más efectiva.

El neuromarketing, como demuestra esta historia y el aroma de café en el bus, funciona de manera similar a cómo persuadimos a otras personas en nuestras relaciones cotidianas.

En ambos casos se aprovechan estímulos sutiles y emocionales para influir en las decisiones y comportamientos de los demás, sin recurrir a la presión directa.

Piensa en cómo, en nuestras relaciones personales, influimos en los demás no solo con palabras, sino con actitudes, gestos y emociones que contagian. Las neuronas espejo son un buen ejemplo: nos permiten empatizar y reflejar el estado emocional o la conducta de otra persona. Si alguien cercano está entusiasmado por algo, es probable que también nos sintamos atraídos hacia esa idea o actividad, simplemente por la conexión emocional que se establece.

En el caso de la historia de los dónuts ocurrió que, en lugar de pedir abiertamente que la gente comprara café, crearon un ambiente multisensorial que evocaba el deseo de consumirlo. No dijeron «¡COMPRA!», sino que lo hicieron sentir.

Del mismo modo, en una conversación podrías contagiar tu entusiasmo por una película o restaurante. No es necesario pedir a nadie directamente que lo pruebe, basta con transmitir directamente tu emoción (el boca a boca transmitido con entusiasmo es la mejor publicidad que hay, tanto de un producto como de una persona).

Podemos crear bienestar y despertar en otros esos neurotransmisores de placer por nuestra forma de ser, nuestra forma de estar, la forma en la que nos expresamos, sonreímos, cómo creamos sintonía, cómo escuchamos o acompañamos.

Nuestra forma de crear esa buena sintonía puede generar en otros experiencias únicas y memorables y dejar impresiones duraderas que activarán la dopamina al recordar momentos placenteros.

Al final, tanto en el neuromarketing como en la persuasión interpersonal, el éxito reside en cómo se conecta emocionalmente con la otra persona. Cómo se aprovechan los sentidos, las emociones y los gestos sutiles que despiertan un deseo o interés que parece propio, aunque haya sido influido desde fuera.

## «ENTRAR EN EL MUNDO DEL OTRO»

Cuando la diferencia generacional nos separa, ya sea entre padres e hijos o compañeros de trabajo, el conflicto surge porque cada uno vive en su propio mundo de experiencias, valores y referencias.

Los padres no entienden el lenguaje digital de sus hijos y los jóvenes a veces ven a los mayores como si hablaran en otro idioma. Sin embargo, lo que realmente nos une es el deseo de ser comprendidos, el respeto mutuo y la comunicación efectiva.

Para resolverlo, debemos adaptarnos y hablar en su «lenguaje», sin perder la autenticidad.

En mi equipo, por ejemplo, a la hora de impartir una formación o charla y diseñar las dinámicas, estudiamos bien los vídeos o ejemplos y expresiones porque a veces los grupos son muy heterogéneos tanto de edad como de nacionalidad. Algo que aquí en una edad determinada hace mucha gracia (las empanadillas de Móstoles, por poner un ejemplo) otros ni lo entienden ni les hace gracia.

La clave para conectar con alguien es entrar en su mundo. No se trata de imponer nuestro discurso, sino de adaptar el mensaje al marco de referencia de la otra persona.

Recuerdo que mi hija, de peque, no entendía un problema y pensé: «¿Qué es lo que le gusta más a esta niña?: LAS CROQUETAS».

«Vamos a ver, hija, si tienes veinte croquetas y viene tu amiga Martina y te quita cinco. Luego viene tu hermano y te quita dos. ¿Cuántas te quedan? Y de esa cantidad que te queda, resulta que viene papá y te da el doble, ¿cuántas tienes?»

La verdad es que no me acuerdo si acertó o no el problema, pero me presto muchísima atención mientras salivaba.

O adentrarte en un clásico, como el «Soneto XXIII» de Garcilaso, pero en el lenguaje que un adolescente entienda:

*Versión original:*
«En tanto que de rosa y azucena
se muestra la color en vuestro gesto,
y que vuestro mirar ardiente, honesto,
enciende al corazón y lo refrena...»

*Versión adolescente:*
«En verdá, tienes to la cara mazo rosa y blanca,
y los ojos to rojos en plan como fuego pero en plan bien, ¿sabes?
Mas dejao el corazón to loco, pero a la vez, estoy mazo de chill, bro.»

He puesto pocos «en plan» y un solo «bro», no sé si conecta lo suficiente.

Bueno, a lo que vamos: procesamos mejor la información cuando está ligada a intereses personales y experiencias previas, gracias a un fenómeno llamado «efecto de relevancia personal». En otras palabras, si quieres que a tus hijos les interese una asignatura, conectar o negociar con alguien , háblale en su idioma o desde sus gustos.

Repito: desde sus gustos, NO desde los tuyos.

## «LA DURA REALIDAD»

**¿Para qué crear sintonía con tu cuñado si se comió todos los langostinos en Navidad?**
Si te dejó sin langostinos mientras tú solo llegaste al segundo canapé, estás absolutamente liberado de cualquier obligación de crear sintonía. Puedes mirarlo mal sin remordimientos desde el otro lado de la mesa mientras él sigue en su modo «devorador». Tienes mi bendición.

**¿Por qué crear sintonía con ese jefe o ese profe que «te tiene manía»?**
A menudo, la percepción de que le caemos mal a alguien se debe a no saber activar bien sus neuronas espejo. Ni esa persona las nuestras. Es probable que la mala relación que percibes sea en realidad una proyección de tus propios sentimientos hacia esa persona. Este fenómeno crea un círculo vicioso de retroalimentación negativa que perpetúa el conflicto

**¿Recibes una invitación de boda...?**
Es una situación ambigua: ¿te han invitado de verdad o estás patrocinando la fiesta? Porque si te llama un «amigo» con el que llevas meses sin hablar, y de repente te llega una invitación de boda que incluye lista de regalos, vestido de gala y trescientos kilómetros de viaje, la sintonía ya no suena tan fuerte. Dependiendo de cómo lo mires, puedes sentirte encantado y querido... o con un verdadero marrón.

**¿Tu vecino, el de la taladradora a las ocho de la mañana un domingo?**
Aquí no hay conexión que valga. Con vecino del taladro a las ocho de la mañana (sí, ese que siempre encuentra algo que reformar el único día que tienes para dormir) poco se puede hacer. No hace falta ni que contestes. Sabemos que la única sintonía que sientes en ese momento es el sonido del taladro perforando tu paciencia.

**¿Y esa persona que siempre te manda audios de cinco minutos?**
Ese amigo que en lugar de escribirte un mensaje te manda audios más largos que todas las temporadas juntas de *Juego de Tronos*. Aquí la sintonía se te va al segundo minuto, mientras miras la pantalla tipo: «Esto no acaba nunca, ¿verdad?». Ni neuronas espejo, ni paciencia..., ni ná. Huelga.

**¿El que siempre se va al baño cuando llega la cuenta?**
Sí, ese amigo que cada vez que toca pagar, se transforma en Houdini. No importa cuánto intentes la sincronización de tono o postura, es difícil conectar con alguien que se esconde en los momentos más «importantes». En ese momento lo mejor es irse y decirle al camarero: «¡Paga el del baño!».

**¿Ese colega con perfil de «*coach* motivacional» que te «sugiere» cómo mejorar tu vida... cada vez que os veis?**
Este amigo, con su perfil de gurú de la autoayuda, siempre tiene un consejo no solicitado para tu vida: desde la dieta que «deberías hacer» hasta la forma de «mejorar» tu personalidad. Aquí la sintonía comienza a hacer un ruido de interferencia.

**¿El vecino que se cree DJ y hace fiestas hasta las cinco de la madrugada un jueves?**
La intención de conectar se va junto con las ganas de dormir. No es fácil sentir empatía hacia alguien que piensa que su salón es una discoteca, y que a todos nos interesa oír la misma canción a todo volumen hasta el amanecer. Aquí tus neuronas espejo te obligan a buscar tapones para los oídos.

**¿El compañero de trabajo que solo te habla para pedirte favores?**
¿La típica persona que solo te busca cuando necesita algo? El que te ignora el resto del tiempo, pero de repente llega con un: «Oye,

¿podrías ayudarme con este informe?» o «¿Tienes un momento para revisar esto?». «Buenos días lo primero, ¿no?» La sintonía puede esperar... hasta el próximo milenio.

**¿El todólogo que opina de política, economía y hasta de tu alimentación?**
No importa el tema cuñao que domine. «¿Te gusta esa serie? Bueno, yo la vi antes de que fuera famosa.» «¿Te apuntaste al gimnasio? Mira, te explico la mejor rutina.» Es como si su misión en la vida fuera iluminarte. Aquí tus neuronas espejo están ocupadas buscando una escapatoria.

**¿El que cuenta chistes malos en los peores momentos?**
Imagínate en un tanatorio, o en una reunión importante. Ahí está esa persona que piensa que una «bromita» romperá el hielo. En este caso, intentar sincronizar es casi misión imposible. Las neuronas espejo solo pueden reaccionar con autodestrucción.

**¿Tu amiga «*coach* de dieta» que te juzga por pedir postre?**
Sales a cenar y decides darte el lujo de pedir una tarta de chocolate. Justo cuando empiezas a disfrutar el primer bocado, te suelta un: «¿Estás segura de que quieres comerte eso? Tiene un montón de azúcar». La sintonía, en este caso, se escapa por la ventana junto con tu paciencia.

**¿El familiar que siempre te pregunta: «¿Y tú para cuándo?»?**
Ya sea sobre matrimonio, hijos o un trabajo «serio». Todos tenemos ese familiar que parece guardar un calendario imaginario en el que tú ya deberías estar casado/a, con hijos, hipoteca y mascota incluida. Tus neuronas espejo se apagan automáticamente cuando lo ves acercarse. Entonces la sintonía pasa a ser el último de tus problemas.

**¿El amigo que te invita a su casa y te tortura con una maratón de fotos de su boda (o de su viaje a las cataratas de Iguazú)?**
Te sientas en el sofá con un refresco en la mano y piensas que vais a poneros al día. Pero no. Tu amigo tiene otros planes: un pase VIP por cada detalle de su boda o de su último viaje. La sintonía quedó enterrada en la octava foto (todas iguales) de selfis con las cataratitas.

No hay más preguntas, señoría.

**Reflexionemos:**
Recordad que pedir empatía a los demás es, precisamente, no tener empatía. Cada uno debemos de responsabilizarnos de interpretar y detectar las emociones del otro.

De hecho se ha descubierto que las neuronas espejo en las personas con Trastorno del Espectro Autista (TEA) tienen un funcionamiento atípico. Cuando la actividad normal de las neuronas espejo está disminuida o alterada, puede haber dificultades para entender y empatizar con los demás, imitar comportamientos y desarrollar habilidades sociales efectivas.

En una entrevista a Marco Lacoboni (uno de los mayores expertos en el estudio de las neuronas espejo) este indicó: «Lo mejor es que puedes usar la imitación como una intervención para tratar a los pacientes con TEA y que estos mejoran. Los estudios más recientes demuestran que cuanto antes comience el tratamiento, mayor es la mejoría».

## «EL EFECTO VÍCTIMA IDENTIFICABLE»

Hay un fenómeno curioso que no quiero dejar atrás sobre cómo los humanos procesamos la información emocional y el impacto de la personalización en nuestra empatía. A menudo, el cerebro humano responde más a historias individuales que a datos estadísticos o generales. Esto se debe a que tendemos a conectar emocionalmente con las narrativas concretas, donde hay un rostro, un nombre y una experiencia tangible.

No conectamos cuando alguien dice «millones de personas pasan hambre en el mundo». Nos da «igual», volvemos la cabeza y seguimos enfocados en nuestros problemas del primer mundo. Pero si nos lo presentan como una historia personal con nombre y observamos el mundo en el que vive y las penalidades que tiene que soportar para llevar comida a su familia, ahí, sí, ahí, es cuando nos llega a la patata y quizá se nos meta algo en el ojo.

Este fenómeno se conoce como el efecto de la víctima identificable. Cuando escuchamos cifras abstractas como «ochocientos millones de personas pasan hambre en el mundo», nos resulta difícil procesar el alcance emocional de ese dato. Sin embargo, si escuchamos la historia de «Pablo», un niño que debe caminar cinco kilómetros para recoger agua, nuestra mente crea una conexión emocional directa. Podemos visualizarlo, imaginar su sufrimiento y sentir más empatía.

Esto ocurre porque los humanos somos narradores naturales. A lo largo de la evolución, nuestras comunidades se construyeron a través de relatos individuales, no de estadísticas. Las historias personales son memorables y generan un impacto emocional más fuerte.

Por el contrario, las cifras grandes y abstractas pueden generar fatiga de compasión. Nos abruman y nos hacen sentir impotentes.

En sus campañas humanitarias, muchas organizaciones benéficas usan historias individuales para generar empatía y recaudar fondos (también se utiliza en publicidad y ventas desde otros ángulos).

Si una marca cuenta la historia de cómo una artesana en África teje a mano los bolsos que venden, es más probable que compremos ese producto que si solo nos dicen que proviene de comercio justo.

Por lo tanto, nuestros patrones de empatía se rigen, sobre todo, por los siguientes parámetros:

- **Necesitamos rostros, no números:** nuestro cerebro procesa mejor las historias individuales porque podemos imaginar los rostros y las emociones asociadas. Nos cuesta procesar estadísticas abstractas.
- **La cercanía importa:** sentimos más empatía hacia quienes están cerca de nosotros cultural, geográfica o emocionalmente. Por ejemplo, un desastre en nuestra ciudad genera más respuesta que uno en un país lejano. Los demás «están lejos».
- **El fascinante «factor tribu»:** evolutivamente, estamos diseñados para cuidar a nuestra «tribu». Esto hace que respondamos mejor a problemas concretos y visibles que a desafíos globales.
- **Fatiga emocional:** cuando los problemas son demasiado grandes o abstractos («millones pasan hambre»), nos sentimos incapaces de actuar. Sin embargo, ayudar a una persona concreta se percibe como algo manejable y satisfactorio.

Los humanos somos seres emocionales y narrativos. Nos cuesta reaccionar ante estadísticas impersonales, pero conectamos profundamente con las historias individuales. Estas nos recuerdan que detrás de cada cifra hay un ser humano con sueños, sufrimientos y esperanzas.

## «EMPATÍA SELECTIVA»

A veces nos encontramos con personas que parecen no tener ni una pizca de empatía. Personas a las que no se les exige porque quizá no tengan ese don hasta que un día te sueltan: «¡Qué calor me estás dando con esas botas!» o «¡Qué frío tengo al verte con esa blusa tan fina!». Entonces compruebas que sí tienen esa habilidad, porque queridos amigos, eso es tener capacidad empática.

A ver, persona con radar para la empatía climática: «NO ME RESPONSABILICES DE TU SENSACIÓN TÉRMICA QUE NO SOY TU TERMOSTATO».

Que te da por pensar: «No, si al final el motivo del cambio climático va a ser porque me puse unas botas el jueves».

## «ADVERTENCIA»

Para concluir esta parte quiero hacer una advertencia: todo lo que he relatado anteriormente podría no ser cierto a pesar de los numerosos estudios realizados.

Lo digo porque no he logrado nunca activar las neuronas espejo de los miembros de mi casa para que me imiten en el arte de rellenar la botella de agua y ponerla en la nevera o pasar el aspirador.

Y estímulos no han faltado, porque a veces me miran mientras lo hago. Debe ser que dentro de mi casa estas neuronas no tienen cobertura, o hay un inhibidor de señal neuronal escondido en el cajón de las cosas.

### BESOS PARA LA SUPERVIVENCIA

El origen del beso se remonta a los primeros primates. Los estudios indican que las madres masticaban la comida y luego la pasaban desde su boca a la de sus crías. Este método no solo aseguraba que los alimentos fuesen más fáciles de digerir para los pequeños, sino que también evitaba el riesgo de atragantamiento.

A medida que los primeros humanos evolucionaron, adoptaron comportamientos similares. En ausencia de comida, las madres acercaban su boca a la de sus retoños para calmar la ansiedad, tranquilizarlos y proporcionar una sensación de seguridad y bienestar. Esta práctica, además de cumplir una función nutricional, comenzó a tener un componente emocional significativo.

Esta teoría del famoso zoólogo Desmond Morris sugiere que esta acción primitiva evolucionó hacia lo que hoy conocemos como el beso.

En la vida moderna, el beso sigue siendo un elemento básico en nuestras relaciones sociales y emocionales. Pone en marcha una serie de reacciones químicas en nuestro cerebro. Cuando nos besamos, se libera la famosa oxitocina, esa hormona que hace que nos sintamos más unidos y cariñosos. Además, besar reduce los niveles de cortisol, la temida hormona del estrés. Eso explica por qué un beso puede calmar los nervios y mejorar el humor en un pispás.

Pero dejémonos de rollos. Esta teoría se desvirtúa en cuanto entran en escena esas tías abuelas que solo ves en reuniones familiares y te reciben con una colección de besos aplastantes que te sellan en la cara como si fueses un paquete *premium* de Correos.

Durante ese instante todo el bienestar se va por la borda y la pobre oxitocina se rinde mientras dice: «¡MIRA, ASÍ NO HAY QUIEN SE LIBERE!».

. CAPÍTULO 3 .

# < ESCLAVOS DE NUESTRAS EMOCIONES >

«CUALQUIERA PUEDE ENFADARSE, ESO ES ALGO MUY SENCILLO. PERO ENFADARSE CON LA PERSONA ADECUADA, EN EL GRADO EXACTO, EN EL MOMENTO OPORTUNO, CON EL PROPÓSITO JUSTO Y DEL MODO CORRECTO, ESO, CIERTAMENTE, NO RESULTA TAN SENCILLO.»

- *Aristóteles* -

## <<BIENVENIDOS AL "SHOW" DE LAS EMOCIONES>>

Hay muchas teorías sobre la emoción.

Imagina una discusión entre varios teóricos en la sala de un universo paralelo que se encuentra en este libro:

Comencemos con el debate de las emociones. ¿Son biológicas, culturales, cognitivas o todo a la vez?

**Moderador:** ¿Quién comienza?

**William James y Carl Lange (1884):** Venga, comenzamos nosotros, que tenemos prisa. A ver, primero experimentamos cambios físicos. Sientes el cuerpo y luego viene la emoción. Ves un oso, sudas y tu mente piensa: «Tengo miedo». Es obvio.

**Walter Cannon y Philip Bard (1900):** Ni puta idea tenéis. Eso es absurdo, no puedes esperar la emoción hasta que el cuerpo termine de reaccionar. Si ves un oso, tu cerebro envía señales simultáneas: sudas y sientes miedo al mismo tiempo. Biología pura.

**Stanley Schachter y Jerome Singer (1962):** Pero vamos a ver, VAMOS A VER, señores, están dejando algo de lado: la interpretación cognitiva. El contexto es importante para que surja una emoción. Si están en un zoológico y ven un oso, ¿sudan por miedo?.

**Charles Darwin (1872):** (Riéndose.) Pero... ¿qué me están contando? ¿No os dais cuenta de que todo esto es un regalo de la evolución? Las emociones existen para ayudarnos a sobrevivir. El miedo es una herramienta, eso es universal. No importa si sudas primero o piensas en el oso. Si no huyes no vivirás para contarlo y además todo el mundo pensará que eres gilipollas.

**Lisa Feldman Barrett (2006):** Con todos mis respetos, señor Darwin, y mire que le admiro, eso de que las emociones son universales está desactualizado. Las emociones no están programadas en el cerebro, son construcciones basadas en la cultura y la experiencia. En algunas culturas no existe la palabra para la ansiedad.

**Paul Ekman (1972):** Disculpe, doctora Barrett, pero mis investigaciones muestran claramente que existen emociones básicas como el miedo, el asco y la alegría que se expresan igual en todas partes. Viajé por el mundo y conocí tribus aisladas reaccionar igual. Las expresiones faciales son universales, todos reconocen una sonrisa o una mueca de miedo.

Lo cierto es que siguieron discutiendo, entró un oso en la sala y se los comió a todos. Cada uno reaccionó desde su punto de vista, claro. Hay que tener razón hasta el final.

Las emociones son como el aire: están en todas partes y, aunque no las veas, las sientes.

Cuando somos bebés, estamos en modo «transparencia total». Somos pequeños actores sin filtro.

Todo lo que siente un bebé lo expresa inmediatamente. Si están felices, ríen. Si tienen hambre, lloran como si el mundo se acabara. No pueden controlarlo, porque sus cerebritos aún están desarrollando las conexiones que nos permiten ser «discretos» más adelante.

Aquí es donde la ciencia entra en juego: las reacciones emocionales, como llorar o reír, están ligadas a respuestas automáticas del sistema nervioso.

Los adultos también tenemos nuestras pequeñas «evidencias corporales». Con el tiempo aprendemos a regular esas respuestas. El entorno, nuestras experiencias y hasta los intereses propios nos enseñan a «ponernos una máscara». Es decir, a ser más políticamente correctos y no soltar un grito cuando algo no nos gusta (aunque a veces queramos hacerlo).

Sin embargo, aunque te conviertas en un maestro del disimulo, siempre hay algo que te traiciona. Aquí entra en juego el lenguaje no verbal, el villano en esta historia. El cuerpo tiene formas sutiles de contarle al mundo lo que sientes: un pestañeo involuntario, dilatación de las pupilas, frotarse los dedos, un picor, esas microexpresiones que duran menos de un segundo pero que un ojo entrenado (o una mamá) puede notar fácilmente.

## Emociones primarias vs. emociones secundarias: nuestro «sentir»

Nacemos con un paquete de emociones esenciales, lo traemos de fábrica. Esas emociones primarias podrían ser: la alegría, la tristeza, el miedo, la ira, la sorpresa y el asco.

Dichas emociones están ligadas a nuestra supervivencia. Por ejemplo, el miedo nos ayuda a escapar de peligros, la alegría nos motiva a buscar cosas que nos hacen bien y la ira puede activarse cuando sentimos una amenaza.

Están profundamente ligadas a nuestra biología y han permanecido con nosotros desde que vivíamos en cuevas y nos enfrentábamos a peligros constantes como los depredadores, condiciones climáticas extremas, escasez de agua o búsqueda de comida. No necesitamos aprenderlas ni desarrollarlas; nos acompañan desde el primer día.

Al nacer venimos con una barra de pan bajo el brazo, o eso dicen, y estas emociones básicas. Sin ellas, habría sido mucho más difícil sobrevivir como especie, ya que cada una tiene una función clara y útil para nuestra vida diaria.

A medida que crecemos y vivimos en sociedad, desarrollamos emociones más complejas como la envidia, la vergüenza o el orgullo. Estas se basan en cómo nos relacionamos con los demás y en las normas sociales. Pero esas primeras emociones básicas son las que siempre nos acompañan, desde que nacemos hasta el final.

## Emociones inventadas

Tal como adelantaba, luego están las emociones secundarias. Son las que vamos recogiendo a lo largo de la vida, y muchas de ellas tienen que ver con la sociedad en la que vivimos.

La envidia o la vergüenza, por ejemplo, son emociones que, probablemente, no sentirías si vivieras solo en una isla desierta. Pero en sociedad estamos vendidos con las comparaciones.

Por tanto, la envidia, la vergüenza, o el orgullo no vienen en el kit básico. Las incorporamos poco a poco en nuestra construcción social. Yo las llamo «emociones inventadas».

La envidia, por ejemplo, no tiene sentido en el mundo de los bebés. Si un bebé ve a otro bebé con un juguete, no piensa: «¡Ohhh, qué injusto es el mundo!». Simplemente lo agarra y se lo lleva.

Es una emoción que surge cuando empiezas a entender la comparación social. «¿Por qué él tiene más suerte que yo?». La sociedad es experta en obligarnos a competir por todo; desde la mejor casa hasta el número de *likes* en una foto de Instagram.

La vergüenza es otra invención incorporada que llega poco después. Al principio, cuando eres niño, puedes correr desnudo por el parque sin importarte nada. Pero viene la sociedad y te dice que eso no está bien. Más adelante también te encontrarás en situaciones en las que te pones rojo solo por decir algo raro en una reunión. ¡Gracias, sociedad, por complicarnos la vida!

Me imagino a la Construcción Social como un monstruo mirándonos y riéndose de lo vulnerables que somos. Y también a este constructo social como un chef loco que, cada vez que nos ve manejar bien nuestras emociones básicas, decide «mejorar» la receta y mezcla emociones secundarias para crear un poco de caos: un poco de culpa por aquí, una *mijita* de vergüenza por allá, un cucharón de envidia bien grande y un toque especial de frustración.

## «LA CARA ES EL "SPOILER" DEL ALMA»

Hablemos de Paul Ekman (el de la reunión de expertos) y de sus teorías sobre la expresión facial de las emociones. Vamos a compararlas con las teorías de Rachael Jack (esta última no pudo ir al debate anterior porque estaba muy ocupada generando rostros en un ordenador).

Paul Ekman sostenía que las emociones eran universales en cuanto a nuestras reacciones faciales. No importa si naciste en Nueva York o en una tribu perdida de Nueva Guinea, todos sabemos cómo es una cara de miedo o de felicidad.

Ekman, pionero en el estudio de las emociones, fotografió durante dos años gestos de una tribu de Nueva Guinea. A continuación mostró esas fotos a individuos de ese entorno. Estos supieron reconocer las emociones sin problemas. Ahí dedujo que son idénticas para

Il Caos
NUEVA RECETA
1/2
CULPA
ENVIDIA
FRUSTRAC
VERGÜENZ

toda la humanidad y estableció que, ciertas expresiones faciales, son universales en todas las culturas. Entre ellas, la sonrisa.

Sin embargo... Entramos en una batalla de ideas entre dos titanes de la ciencia de las emociones: Paul Ekman y Rachael Jack.

Ekman defiende la idea de que las emociones son universales, que en el fondo todos somos un poco como los Minions: tenemos los mismos sentimientos básicos sin importar la cultura (según él, hay seis emociones principales: **alegría, tristeza, miedo, ira, sorpresa y asco**), que todos reconocemos porque están impresas en nuestro ADN emocional. Rachael Jack, sin embargo, aparece con un: «¡Espera un momento!» y plantea que las expresiones faciales y las emociones están influenciadas por la cultura y la experiencia. Por consiguiente no son tan universales como nos gustaría pensar.

Usando técnicas de neuroimagen y tecnología punta, como cámaras especiales que generan expresiones faciales, Jack investiga cómo las emociones se relacionan con la actividad cerebral y cómo distintas culturas pueden interpretarlas de maneras diferentes.

Imagínatelo como un juego tipo «¿Cuál es mi emoción?», en el que algunas personas aciertan de inmediato y otras se quedan pensando: «¿Eso era alegría o susto?».

Mientras Ekman sostiene con sus experimentos que una sonrisa es una sonrisa en todo el mundo, Jack sugiere que, lo que entendemos por una expresión facial, puede cambiar dependiendo de si estamos en Japón, Brasil o en una tribu en el Amazonas.

En algunos lugares, mostrar los dientes al sonreír puede ser señal de una amenaza, no de alegría. Imagina la confusión: sonríes para hacer amigos y terminas provocando una pelea, ja, ja, ja. (Así que no hagáis caso de los capítulos anteriores.)

Jack argumenta que, a medida que los seres humanos se movían por el planeta y se adaptaban a diferentes entornos socioecológicos (¡qué palabrita!), nuestras expresiones faciales también evolucionaron. Hay matices que podrían ser dialectos del idioma universal de las emociones.

## «ESTADOS DE BASE»

Para Jack hay cuatro estados de base: ira/asco, miedo/sorpresa, alegría y tristeza. A partir de ellos, se mezclan y se generan todas las demás emociones dependiendo de la cultura y la situación. (Si os dais cuenta, ira y asco van juntas en cuanto a expresión/reacción facial, al igual que miedo y sorpresa.)

Los estudios de Ekman nos invitan a pensar que todos llevamos dentro el mismo repertorio emocional. Pero las investigaciones de Jack, por el contrario, nos dicen que hay muchos matices. Por lo tanto, aunque nos encanta la idea de que una sonrisa es universal, la realidad es que las emociones pueden ser mucho más complejas y están teñidas por nuestras experiencias, culturas, contextos y entornos.

Al final, tanto Ekman como Jack nos muestran que las emociones son una mezcla fascinante de biología y cultura. Nos guste o no, nuestro «yo emocional» es un poco como nuestro móvil: con unas funciones básicas de fábrica y muchas apps personalizadas según lo que descarguemos a lo largo de la vida.

La próxima vez que sientas un pellizco de vergüenza o una ola de felicidad, recuerda que tu cerebro y tu cultura están trabajando juntos en una coreografía emocional. Son bailarines que defienden el engranaje «bailar pegados es bailar», como diría Sergio Dalma.

### Emoción vs. sentimiento

Las emociones y los sentimientos tienen personalidades bien distintas.

Las **emociones** son rápidas, intensas y vienen sin invitación. Es como si alguien te lanzara un cubo de agua fría sin avisarte. Cuando ves una película de terror y te sobresaltas, eso es pura emoción. Son como los fuegos artificiales: estallan, hacen ruido y luego se disipan.

Por otro lado, los **sentimientos** son como el té inglés de la tarde; algo mucho más relajado y sofisticado. Son la reflexión sobre lo que hemos experimentado emocionalmente, lo que queda después.

En una discusión puedes sentir enojo (emoción), pero más tarde ese enojo se convierte en resentimiento, culpabilidad (sentimiento).

En resumen: las **emociones** son invitados inesperados que irrumpen en tu fiesta. Los **sentimientos**, sin embargo, son esos amigos que se quedan después, te ayudan a limpiar y no se van nunca. Permanecen en la puerta despidiéndose indefinidamente. Con el paso del tiempo los alejamos y los persuadimos para que, de una puñetera vez, digan: «Vámonos ya que esta persona querrá descansar».

Una sorpresa es una emoción que puede generar un sentimiento de bienestar o de malestar, según qué tipo de sorpresa hayas recibido.

Por ejemplo: estás caminando por el parque con tu perro pequeño y aparece otro grande sin correa y se abalanza sobre él. En ese momento sientes miedo (emoción instantánea, visceral). Más tarde llegas a casa, piensas en el incidente y sientes malestar. Esa sensación que te queda al recordarlo es el sentimiento.

Fijaos si quedan sellados los sentimientos (colección de emociones) que se ha detectado que, en personas con alzhéimer que no reconocen a las personas queridas, sí reconocen lo que les hicieron sentir.

Este estudio lo realizaron **Sabat y Harré (1992).** En él se comprobó cómo las personas aquejadas de demencia conservan sus reacciones emocionales hacia familiares y cuidadores, aunque ya no reconozcan su identidad. La conclusión es que las emociones tienen un «anclaje» en el cerebro que perdura más allá de los recuerdos explícitos.

## ¿Se pueden gestionar las emociones como gestionas tu administración?

Imagina que estás paseando tranquilamente por una calle ancha, disfrutando del día y te dispones a cruzar hacia el otro lado. De repente, ves un camión que se aproxima a toda velocidad y parece que no va a frenar. En ese instante, ¿qué ocurre en tu cerebro?

Tu **corteza visual** capta la imagen del camión y envía esa información a la **amígdala.** Esta, al ver la imagen, decide que hay un peligro inminente. Inmediatamente le da instrucciones al **hipotálamo** para que ponga todo el organismo en modo «supervivencia».

**Siempre me he imaginado que la amígdala y el hipotálamo son argentinos, por lo tanto, sus conversaciones contendrán sus maravillosos improperios:**

La amígdala observa la situación y advierte: «¡Che, pelotudo, te vas a hacer mierda! ¡Peligro de muerte, boludo, peligro de muerte!». Sin perder tiempo, la amígdala envía un mensaje de emergencia al hipotálamo: «¡Activá, bobo, estamos en el horno! ¡Ponete en modo «supervivencia», la concha de tu madre!».

El hipotálamo, que no se anda con tontás, empieza a currar y da instrucciones al organismo: primero, envía señales a las glándulas suprarrenales para liberar adrenalina en tu sistema para que aumente la frecuencia cardíaca y la presión arterial. Tu corazón empieza a latir a toda hostia y a bombear sangre rica en oxígeno a tus músculos.

El hipotálamo le dice al hígado: «¡Necesitás energía extra, carajo!». El hígado responde liberando glucosa adicional en el torrente sanguíneo que te da un subidón de energía. Mientras tanto, tu páncreas recibe la orden de liberar insulina para asegurarse de que toda esa glucosa sea utilizada eficientemente.

Todo esto sucede en menos de un nanosegundo. Tu cuerpo se convierte en un coche de Fórmula 1, listo para arrancar. Tus músculos se tensan, tus pupilas se dilatan para captar más luz y mejorar tu visión periférica. Y de repente, corres a toda velocidad, esquivas el camión y salvas tu vida. En un abrir y cerrar de ojos, tu cerebro y tu cuerpo trabajan juntos como un equipo de emergencia altamente entrenado. Así se asegura de que puedas reaccionar y escapar del peligro...

... Y SALVAS LA VIDA.

Esta forma de proceder es la correcta porque estamos en un escenario real de supervivencia.

## Pero ¿qué sucede en nuestra vida cotidiana?

A veces usamos estos recursos del cerebro para cosas que no atentan con nuestra vida. Sin embargo, nuestro cerebro piensa que sí lo son porque así lo hemos acostumbrado o nutrido.

Imagina que estás en la oficina, disfrutando de una mañana tranquila, sumergido en tus tareas diarias. Todo parece ir viento en popa hasta que, de repente, un correo electrónico de Víctor, tu superior, llega a tu bandeja de entrada. El asunto del mensaje es breve y contundente: «REUNIÓN URGENTE». En un instante, una oleada de ansiedad recorre tu cuerpo.

Vamos a analizarlo paso a paso:

### El hipocampo: ese bibliotecario que te archiva todo menos dónde dejaste las gafas

Tu cerebro no solo procesa la información en tiempo real, también la compara constantemente con experiencias pasadas. En este caso, al leer las palabras «REUNIÓN URGENTE», tu hipocampo, esa estructura en forma de caballito de mar ubicada en el lóbulo temporal, entra en acción.

El hipocampo es esencial para la formación de recuerdos y la recuperación de experiencias pasadas. Es tu archivador mental.

Entonces ¿por qué sientes ansiedad al leer «REUNIÓN URGENTE»? La respuesta está en la memoria. Si alguna vez has tenido experiencias negativas en reuniones anteriores con tu jefe, como discusiones acaloradas, malas noticias o situaciones estresantes, tu hipocampo ha almacenado estos recuerdos. Cuando lees ese correo, tu cerebro conecta rápida e inconscientemente con esas memorias pasadas y activa una respuesta de alerta. Tu cerebro te advierte: «¡Eeeh, hemos estado aquí antes y no terminó bien!».

¡PREPÁRATE!

**La amígdala: saboteadora, siempre ve amenazas; confunde una charla incómoda con la Guerra Fría**

En cuanto tu hipocampo activa los recuerdos de experiencias negativas pasadas, envía una señal a la amígdala, una pequeña estructura en forma de almendra situada en lo profundo de tu cerebro. Su función principal es detectar amenazas y activar respuestas emocionales, especialmente las relacionadas con el miedo y la ansiedad.

Al recibir la señal del hipocampo, la amígdala entra en modo de emergencia. Lee las palabras «REUNIÓN URGENTE», examina las experiencias pasadas almacenadas en el hipocampo e interpreta la situación como una amenaza potencial. ¿La reacción?: «Hostia, aquí va a pasar algo». E inmediatamente pone en marcha una respuesta de «lucha o huida», como si enfrentase un peligro inminente.

**El hipótalamo: el DJ de la fiesta y el segurata**

Ahora que la amígdala ha detectado una «amenaza», necesita comunicarla al resto del cuerpo. Aquí es donde entra en juego el hipotálamo. Es pequeñito pero matón. Se encuentra en la base de tu cerebro y actúa como el director de la orquesta de tus sistemas hormonales y autónomos. La amígdala le envía un mensaje claro: «Estamos en peligro, ¡activa todos los sistemas!» (ahora están hablando en español de España).

El hipotálamo responde y envía señales a las glándulas suprarrenales para liberar adrenalina, la llamada «hormona del estrés». La adrenalina desencadena una serie de cambios fisiológicos en tu cuerpo: tu corazón comienza a latir más rápido, tus músculos se tensan y el hígado libera glucosa adicional en tu sangre para proporcionarte energía rápida. Además, tu páncreas empieza a producir más insulina para gestionar toda esa glucosa extra. Todo esto ocurre en cuestión de segundos, donde tu cuerpo se prepara para una respuesta rápida ante el «peligro».

¿Qué pasa? Están trabajando como si la situación fuera la misma de antes, la del camión.

## Pero... no hay peligro, solo problemas del primer mundo

Es una situación inofensiva, pero este es el problema de nuestra respuesta al estrés en el mundo moderno. Nuestros cerebros están equipados con mecanismos de supervivencia que evolucionaron para protegernos en situaciones de vida o muerte.

En nuestra vida actual, estos mecanismos a menudo se activan en situaciones donde no hay una amenaza física real. En lugar de correr o luchar, te quedas sentado en tu silla y acumulas toda esa energía que tu cuerpo ha preparado para sobrevivir.

Y como no puedes liberarla, se queda atrapada, circula por tu mente y alimenta aún más tu ansiedad.

CUANDO NUTRES ASÍ AL CEREBRO, ESTE CREE QUE ESTÁS RODEADO DE HIENAS HAMBRIENTAS. PERO EN REALIDAD ESTÁS CHUPANDO UN BOLI DELANTE DEL ORDENADOR MIENTRAS TE INVENTAS COSAS QUE POSIBLEMENTE NO VAYAN A PASAR.

## Retroalimentación negativa

Has acumulado energía para escapar de un atropello o de un león, pero la realidad es que estás sentado delante de un correo que pone «Reunión urgente».

Al no poder liberar esa energía acumulada, tu cerebro busca razones para justificar la respuesta de lucha o huida. Esta sobrecarga de energía mental no solo no resuelve nada, sino que refuerza el miedo y la ansiedad e intensifica esa percepción.

Este tipo de respuestas exageradas (si son frecuentes) pueden tener efectos adversos en tu salud emocional y física. El estrés crónico puede llevar a trastornos como la ansiedad generalizada, depresión, enfermedades cardiovasculares y otros problemas relacionados con el sistema inmunológico.

**«Se ha demostrado que un minuto entreteniendo un pensamiento negativo deja el sistema inmunitario en una situación delicada durante seis horas.»** (Dr. Mario Alonso Puig)

REPITO: UN MINUTO DE PENSAMIENTO NEGATIVO DEBILITA EL SISTEMA INMUNOLÓGICO DURANTE SEIS HORAS.

Es como si tu mente estuviera siempre en alerta máxima, esperando que algo malo suceda, cuando en realidad todo está en tu cabeza.

Podemos decir que, en situaciones como esta, tu cerebro vive en el estribillo de esa canción de Amaral que dice: «Sin ti no soy nada». Pero vamos a ver, rigor de las desdichas, ¿cómo no vas a ser NADA sin esa persona? NO ME SEAS DRAMAS.

La mayoría de las veces no hay tragedia alguna. La REUNIÓN URGENTE podría ser simplemente para discutir un nuevo proyecto o revisar el proceso de algo trivial. Sin embargo, tu cerebro ha escrito todo un guion de terror.

A esto se le llama distorsiones cognitivas, algo que veremos más adelante.

AL FINAL, LA REUNIÓN URGENTE ERA PARA DECIDIR EL REGALO DE DESPEDIDA DE LA DIRECTORA COMERCIAL QUE SE JUBILA EL MES QUE VIENE.

Toda esa energía de supervivencia acumulada PARA NADA. ¿No os parece agotador?

Comprender cómo funciona el cerebro en situaciones de estrés es el primer paso para tomar el control. El conocimiento es poder. Cuando entiendes que tu cerebro a veces se convierte en un saboteador emocional, puedes empezar a entrenarlo para que sea tu aliado y no tu enemigo.

Una de las tácticas más respaldadas científicamente es el entrenamiento en *mindfulness* (atención plena). Según estudios de Lutz, Slagter, Dunne y Davidson (2008), ha demostrado ser eficaz. La atención

No voy a trabajar por ti. No soy tu esclav
Enviar
Tic
Tic
Tic
Tic

plena no elimina los pensamientos negativos, pero nos entrena para no identificarnos con ellos ni dejar que dominen nuestras emociones.

## Córtex prefrontal, el amigo sensato

Lo ideal sería pasarlo todo por el córtex prefrontal antes de que la amígdala haga de las suyas. (El córtex prefrontal es ese amigo que te lleva a casa cuando estás borracho y trata de convencerte para que no envíes un mensaje a tu ex a las tres de la madrugada.)

Imagina:
Estás furioso porque un compañero te dice por correo que dejó a medias un trabajo y que lo termines tú. Te sientas a responder ese correo con rabia contenida: «¡Esto es inaceptable! ¡No soy tu esclavo, soy tu compañero! ¡Eres un vago!», y otras apreciaciones tan largas que, en vez de una respuesta a un correo, parece una carta de Jesús a los fariseos.

Pero justo antes de darle a enviar entra en escena tu córtex prefrontal como un koala con gafas, tranquilito, mascando una hoja de eucalipto y te dice: «Oye, vamos a calmarnos, relájate, respira... No queremos terminar vendiendo churros en la playa, ¿verdad?» (¿O sí?, con tal de no aguantar a este compañero...; bueno, no, no, de momento no.) Y ahí estás, borrando línea tras línea hasta que al final solo queda un: «Ok, no te preocupes, lo termino yo, que tengas un buen día».

Tu cerebro, básicamente, pasa de un drama digno de telenovela a disfrazarse de monje shaolin en cuestión de segundos.

## ¿Qué provoca en el organismo este barullo emocional?

Al activar el modo «supervivencia» de la amígdala, liberas adrenalina como si estuvieras escapando de un león (¡que es tan solo un correo, joder!). Esto hace que tu corazón se acelere, los músculos se tensen y hasta aparezcan sudores.

Luego, cuando el córtex prefrontal entra en acción para calmar la fiesta, empieza a bajar la intensidad enviando señales de: «Tranqui, no nos vamos a morir por esto». Tu cuerpo pasa de estar en un campo de batalla emocional a sentir que solo ha sido una falsa alarma.

Como estar en una montaña rusa sin moverte del escritorio.

Es normal que nos pase esto, sobre todo en entornos profesionales. Pero si es repetitivo tiene efectos negativos, como estrés crónico que puede afectar al sueño, subir la presión arterial y reducir la concentración.

Para evitar el caos cerebral es importante respirar hondo para que todo vuelva a su sitio. No es magia, la respiración abdominal tiene efectos beneficiosos en la salud. También practicar mindfulness o atención plena, como hemos visto antes. Esta actividad, realizada frecuentemente, hace que el córtex prefrontal sea el protagonista y tome las riendas en escenarios inofensivos antes de que te lances al drama.

Y sobre todo, ayuda a tomar distancia, perspectiva: «¿Esto es tan grave como parece?» (Casi nunca lo es.)

A veces, la vida te manda señales tipo: «¡Houston, tenemos un problema!». Quizá necesitas cambiar de trabajo, porque ya no soportas ni a la cafetera, o alejarte de esas personas que drenan tu energía más que Gollum sin el anillo.

Sea lo que sea hay que hacer algo. Y si ese malestar sigue apretando más que un pantalón ajustado después de comer en casa de tu abuela, lo mejor, sin duda, es acudir a terapia con un buen profesional. Lleva tu cerebro al taller para una puesta a punto.

**Resumiendo las opiniones de los expertos que fueron devorados por un oso en este libro:**

- **Emociones viscerales:** son las emociones *automáticas*, las que te golpean como un balde de agua fría sin que tengas tiempo de prepararte. Provienen de una parte de la amígdala, algo así como la alarma de incendios emocional. La amígdala no se anda con rodeos. Como has leído anteriormente, es una saboteadora (porque lo has leído anteriormente, ¿verdad?, ¿no estarás pasando páginas de forma aleatoria?). Si detecta algo que considera peligroso o intenso, reacciona rápido, sin preguntar, y activa respuestas inmediatas en tu cuerpo.

- **Emociones cognitivas:** son un poco más sofisticadas. Pasan por la parte del cerebro llamada corteza prefrontal, que es la sala de juntas donde se debaten las cosas antes de tomar decisiones (razonamiento). Aquí las emociones se analizan, se procesan y, en lugar de saltar inmediatamente al modo «pánico», se les intenta dar sentido. La corteza prefrontal te dice: «Espera un momento, ¿realmente vale la pena ponerse nervioso por esto?».

En conclusión, tu cerebro siempre está entre dos extremos: una parte que quiere correr o pelear al instante, y otra que te pide un poco de calma y reflexión. Dependiendo de la situación, a veces reaccionamos como cavernícolas y otras como filósofos. De esta forma balanceamos nuestras emociones entre lo visceral y lo cognitivo.

**RECUERDA: «Las emociones no vienen dadas por la realidad, sino por la interpretación que hacemos de la realidad».**

## LAS GALLINAS TIENEN MÁS AUTOCONTROL QUE TÚ

¿Conocéis el experimento de la golosina? *The Marshmallow test.*

Es un experimento clásico de Walter Mischel que consistía en poner a un niño frente a una mesa con solo una golosina (era una nube, esponjita, malvavisco ¿jamón?, como queráis llamarlo) en una habitación sin juguetes, mientras alguien le daba las siguientes instrucciones:

«Si no te comes esta golosina, en quince minutos podrás comerte dos porque te daré otra. Pero si te comes esta antes de que yo vuelva, no habrá otra».

*Algunos niños se retorcieron en las sillas sin dejar de mirar la golosina, otros pensaban en otra cosa para aguantar los quince minutos y otros, a los dos segundos ya se la habían comido.*

Mischel concluyó que aquellos niños con más autocontrol obtendrían mejores notas, más éxito en sus relaciones sociales y una vida más organizada. Pero lo mejor de todo es que este experimento de autocontrol se hizo también con gallinas. SÍ, CON GALLINAS.

Lo realizó Christine Nicol, una investigadora que decidió llevar la sabiduría gallinácea a un nuevo nivel.

¿Qué os pensábais, que las gallinas son puro impulso y picoteo descontrolado?

Fue diseñado para investigar si las gallinas podían demostrar una forma de autocontrol al elegir entre una recompensa inmediata menor y una recompensa mayor pero retrasada. Este tipo de experimentos es común en estudios sobre cognición animal. Con ellos se evalúa la capacidad de los animales para planificar a futuro y controlar sus impulsos inmediatos.

Se colocó a las gallinas en una arena de prueba donde tenían acceso a dos dispensadores de comida.

El primer dispensador proporcionaba una pequeña cantidad de comida inmediatamente después de que la gallina lo activara.

El segundo dispensador proporcionaba una cantidad mayor de comida, pero solo después de un retraso temporal.

El experimento era bastante sencillo, pero eficaz: las gallinas tenían la opción de picotear un botón y recibir una pequeña recompensa inmediata o esperar un rato y recibir una recompensa más grande. Sorpresivamente, muchas gallinas decidieron esperar para obtener la recompensa más suculenta.

¡Booom! Gallinas con autocontrol, algo que ni los Simpson habían anticipado.

Niños y gallinas, cada uno en su mundo, nos muestran que el autocontrol es una habilidad valiosa. No solo para acumular dulces o granos, sino para manejar la tentación en general.

Mientras los niños usan su creatividad y técnicas de distracción, las gallinas nos recuerdan que, a veces, solo necesitas un poco de paciencia y quietud (y menos dramatismo).

Cuando te encuentres en una disyuntiva de autocontrol, recuerda: SI UNA GALLINA PUEDE HACERLO, TÚ TAMBIÉN.

. CAPÍTULO 4 .

# < PENSAMIENTOS: EL RUNRÚN DE CADA DÍA >

«EL CUERPO HUMANO ES EL CARRUAJE;
EL YO, LA PERSONA QUE LO CONDUCE; EL PENSAMIENTO
SON LAS RIENDAS, Y LOS SENTIMIENTOS, LOS CABALLOS.»

*- Platón -*

## << ESCENARIO ~ PENSAMIENTO ~ EMOCIÓN ~ CONDUCTA >>

La secuencia **escenario – pensamiento – emoción – conducta** es una herramienta clave en psicología —especialmente en el ámbito de la *Terapia Cognitivo-Conductual (TCC)*— para entender cómo las situaciones que vivimos pueden provocar una reacción en cadena que afecta a nuestra forma de sentir y actuar.

### La chispa inicial (escenario)

El **escenario** es el punto de partida, el contexto o situación que experimentamos. Puede ser cualquier cosa: recibir un mensaje inesperado, un comentario de alguien o incluso quedarnos atrapados en el tráfico. Este detonante es neutral en sí mismo, pero da pie a la serie de pensamientos y reacciones que siguen.

## La interpretación del escenario (pensamiento)

Esto es muy personal. Ante el escenario, nuestro cerebro produce un **pensamiento automático** o interpretación. Este pensamiento depende de nuestra historia, nuestras creencias y hasta del estado de ánimo en el momento. Por ejemplo, si recibimos un mensaje que dice: «¿Podemos hablar?», podríamos pensar: «Uy, algo va mal». Por el contrario, si estamos relajados, activaremos un pensamiento tipo: «¿Qué querrá contarme?».

Investigaciones como las de **Aaron Beck**, el fundador de la terapia cognitivo-conductual, demostraron que los pensamientos automáticos afectan a la forma en que interpretamos el mundo. Estos pensamientos pueden ser positivos, neutros o negativos, y tienen un gran poder sobre lo que viene después. Los pensamientos negativos tienden a aparecer de manera rápida y pueden nublar nuestro juicio.

## La respuesta emocional a nuestros pensamientos

Después de interpretar la situación, surge una **emoción** en respuesta al pensamiento. Si pensamos: «Uy, algo va mal», es probable que sintamos ansiedad o preocupación. Si pensamos: «¡Qué bien, quiere contarme algo!», sentiremos curiosidad o alegría.

Las emociones son producto de cómo interpretamos lo que ocurre, no solo de lo que ocurre en sí. Esto se ha estudiado en profundidad en psicología. Hay un consenso en cuanto a que algunas emociones, como el miedo, la alegría o la ira, no solo dependen del evento, sino de cómo lo pensamos. Por ejemplo, la **teoría de la Appraisal** de **Lazarus** y **Folkman** destaca que nuestras emociones dependen de la evaluación (o interpretación) que hacemos de una situación.

## La acción a partir de la emoción (conducta)

Finalmente, la **conducta** es lo que hacemos como resultado de toda esta cadena. Nuestras emociones nos empujan a actuar de una determinada manera. Si sentimos ansiedad al pensar que el mensaje «¿Podemos hablar?» es negativo, es posible que evitemos responder. O, al contrario; lo más probable es que lo hagamos rápidamente para «solucionar» lo que creemos que es un problema. Si sentimos alegría o curiosidad, es probable que contestemos con más interés.

La secuencia pensamiento-emoción-conducta puede convertirse en un ciclo de refuerzo. Por ejemplo, al actuar de una manera determinada, confirmamos nuestra creencia inicial y volvemos a empezar el ciclo. En terapia, el objetivo es ayudar a las personas a identificar los pensamientos automáticos que generan emociones y comportamientos negativos, poder modificarlos y cambiar el resultado final de la secuencia.

Veámoslo en dos escenarios: misma situación, pensamientos diferentes:

### Escenario rojo

Marina era una mujer joven y trabajadora que vivía sola en un pequeño apartamento en la ciudad. Siempre había sido una persona racional, pero le costaba controlar sus pensamientos cuando estaba estresada. Una noche, mientras estaba en la cama, oyó un ruido en la cocina. La casa estaba oscura, y lo primero que pensó fue: «¡Es un ladrón!». Su corazón comenzó a latir con fuerza, sintió que la respiración se le aceleraba y un sudor frío recorrió su espalda. El miedo la inmovilizó y se quedó paralizada.

Permaneció quieta en su cama, escuchando los pequeños ruidos que, imaginaba, venían de alguien merodeando por su casa. Su mente creó un sinfín de escenarios, todos negativos: la puerta de la cocina abriéndose lentamente, un hombre alto y amenazante buscando objetos de valor, la posibilidad de ser descubierta y enfrentarse a un peligroso asaltante... Estos pensamientos la llevaron a sentir una profunda ansiedad. Tanto que no se atrevió a encender la luz, ni a asomarse a comprobar qué pasaba realmente. Estuvo en su cama, con los ojos muy abiertos y el cuerpo tenso hasta que amaneció.

Por la mañana, cuando por fin reunió el valor suficiente, fue a la cocina y encontró un estante con varias latas caídas al suelo. Se sintió aliviada (el estante estaba suelto y el viento ayudó a hacer todo lo demás), pero también agotada debido a la noche de insomnio y terror infundado.

Este evento, aunque trivial, tuvo un efecto significativo en su día: llegó tarde al trabajo, fue incapaz de concentrarse y pasó el resto de la jornada irritada y nerviosa.

El simple pensamiento de que estaba en peligro, aunque falso, alteró su comportamiento y su estado emocional, y afectó a su desempeño y a sus relaciones al día siguiente y quizá toda la semana.

**Escenario verde**

Marina era una mujer joven y trabajadora, vivía sola en un pequeño apartamento en la ciudad. Siempre había sido una persona racional, pero le costaba controlar sus pensamientos cuando estaba estresada. Una noche, mientras estaba en la cama, oyó un ruido en la cocina. La casa estaba a oscuras. Lo primero que pensó fue: «Ya está el frigorífico haciendo ruiditos», o: «Será el gato». Y se quedó dormida tan ancha hasta la mañana siguiente.

Sus pensamientos eran racionales, lo que la mantuvo en un estado de calma y bienestar. A la mañana siguiente se despertó descansada y motivada, lista para enfrentar un nuevo día con energía y optimismo.

Este pensamiento creó bienestar, su productividad aumentó, sus interacciones con los demás fueron muy amables y conservaba el buen ánimo.

**Tercera versión combinada**
También podemos crear una tercera versión en la que Marina tiene pensamientos coherentes y racionales, como que era el ruido del frigorífico, el viento o el gato, pero que en realidad, fuese un ladrón. Esto, en el fondo, es irrelevante. Lo importante es que durmió bien, tranquilita y sin ansiedad.

¿Que la podían haber asesinado? SÍ. Pero lo importante es que, gracias a que su pensamiento fue racional, durmió en paz y al día siguiente estaba estupenda para enfrentar un nuevo día.

**Nuestros pensamientos no solo moldean nuestras emociones, sino también nuestra realidad y nuestro destino.**
**Y a veces se disparan.**

## «LOS PENSAMIENTOS RUMIANTES Y LOS PENSAMIENTOS INTRUSIVOS»

Los **rumiantes**, como su nombre indica, son aquellos pensamientos centrados en un tema específico, como esa vaca que mastica y remastica el mismo bocado de hierba. Ideas que dan vueltas sobre algo específico y no se van, como las moscas verdes rodeando la misma mierda.

Imaginemos a un chico que se llama Jampapías. (Lo llamo así porque la mayor ilusión de una de mis hermanas en su infancia era llamar a su hijo Jampapías, un nombre inventado por ella. Y ahora que tengo la oportunidad de escribir, voy a darle vida. Pasaron los años, mi hermana tuvo un hijo y le puso otro nombre.)

Jampapías ha tenido una cita con Sabrina que no fue del todo mal, aunque algo le dice que no lo volverá a llamar. Se encuentra solo sentado en el sofá, dando vueltas como una croqueta en aceite

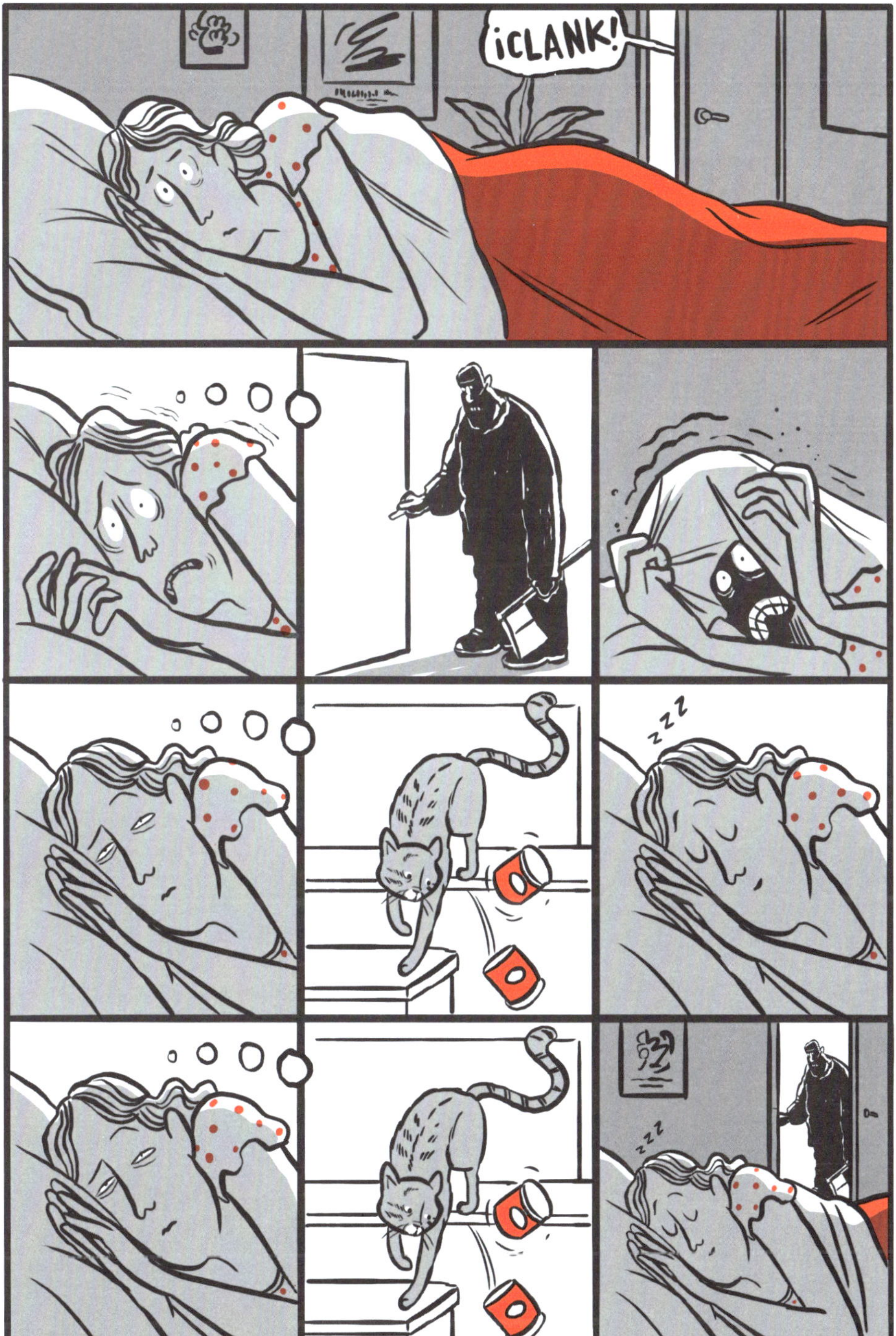
¡CLANK!
Z Z Z
Z Z Z

hirviendo pensando en qué es lo que ha fallado. En su mente, repasa toda la conversación una y otra vez, como si estuviera buscando el control remoto perdido de la vergüenza. De repente, algo le golpea: *¡el chiste de las tortugas!*

«¡No me jodas, va a ser eso», piensa. «¡Ese chiste fue la razón por la que no habrá segunda cita! ¿Cómo pude hacer semejante ataque a las tortugas, criaturas majestuosas de la sabiduría milenaria?» Ahora está convencido de que Sabrina estará con sus amigos, burlándose de él, diciendo entre carcajadas: «¡No puedo creer que ese tipo despreciara a las tortugas de esa manera tan burda! ¡Inadmisible, ja, ja, ja!».

Así que ahí está nuestro héroe, toda la noche con los ojos como platos. Sin apenas cenar pasa del sofá a revolcarse en la cama, con la misma frase dando vueltas en su cabeza: «¿Por qué dije eso?». Pero claro, no tiene respuestas, solo el chiste de las tortugas que invade su cabeza, la cara de ella y la certeza de que ha metido la pata hasta el fondo. A la mañana siguiente, sale a la calle con una lentitud estilo silla salvaescaleras y con un gesto que parece llevar pegado un cartel invisible en el que pone: «POR FAVOR, ACABAD CON MI SUFRIMIENTO YA».

Entonces aparece su vecina. Al verlo con la cara de quien ha perdido una batalla contra su propia mente, le pregunta con una mezcla de curiosidad y preocupación: «¿Te pasa algo, Jampapías?». Él, intentando mantener algo de dignidad, finge hablar por el manos libres, gesticula torpemente, como si estuviera en una acalorada conversación con su equipo de trabajo. Pero lo cierto es que no parará de rumiar hasta que hable con la chica o se disipe con el tiempo.

A veces, distraer los pensamientos rumiantes con música de circo puede ser mano de santo.

## Veeenga, ahora una historia de pensamientos intrusivos

Los pensamientos intrusivos aparecen sin invitarlos. Son aquellos que no necesitan pedir permiso, pensamientos *random*, dirían mis hijos. Como en esas películas que, sin venir a cuento, se ponen a bailar y cantar. Son los cantantes y bailarines en un entorno que no los ve venir:

Jampapías acaba de conseguir una promoción en el trabajo. Está sentado en su flamante nueva oficina, con vistas panorámicas y una planta que, sorprendentemente, no ha matado porque es de plástico. Todo le va de maravilla: su jefe lo felicita, el equipo lo respeta y su café matutino está perfectamente regulinchi. Pero de repente, mientras está revisando unos informes, le llega un pensamiento intrusivo, como un relámpago en un arbolito: «¿Y si ahora que todo me va tan bien… ME MUERO?».

Así, de la nada, empieza a pensar que quizá está demasiado feliz, y ya sabemos lo que eso significa: ¡el universo podría estar preparando su castigo! Jampapías se imagina escenarios absurdos: que lo aplaste la máquina expendedora o atragantarse con una galleta en una reunión de trabajo. Mientras sus compañeros hablan de estrategias de negocio, él está ocupado en visualizar su propio funeral e imagina a todos ellos diciendo: «Pero ¿por qué? ¡Todo le iba tan bien…!».

Al final, Jampapías sacude la cabeza, sonríe nerviosamente y vuelve al informe, y se recuerda a sí mismo que probablemente no va a morir por tener una buena racha…, a menos que esa planta de plástico sea carnívora.

Estos pensamientos son menos adherentes y, aunque en algún momento pueden confundirte e incluso aterrorizarte, es más fácil asumir que no tienen fundamento. Son burbujas que explotan rápido, a no ser que se conviertan en rumiantes. Y vuelta a empezar.

Pero pueden ponerse aún más truculentos y regalarte un ataque de pánico en un pispás. Un buen ejemplo: te tropiezas, te levantas como si nada pero tu mente decide rodar la película de terror del año. ¿Y si en vez de poner el pie en el suelo lo hubieras puesto en la barandilla? ¡Siete pisos al vacío! Y ahí está tu amígdala, la saboteadora, lista para proyectar en ti ese pánico que en realidad ni existe.

Cuando estamos bajo estrés o ansiedad por cualquier motivo (trabajo, problemas personales, etcétera), es más fácil que nuestra mente se llene de pensamientos negativos o exagerados, como imaginar situaciones que realmente no son peligrosas. Estos pensamientos tienden a ser más intensos porque el cerebro, en situaciones de ansiedad, se pone en modo «alerta», listo para reaccionar ante cualquier cosa que parezca una amenaza, aunque no lo sea.

Imagina que esos pensamientos son como ese forastero que entra en un bar (tu cerebro) del viejo Oeste. Todos los clientes (pensamientos tranquilos) se giran para mirarlo con desconfianza. Tú, que eres el dueño del bar, limpias el mostrador con calma, lo miras a los ojos y le dices: «Aquí no queremos problemas, forastero. Salga inmediatamente de mi bar». Si insiste le das un sonoro portazo mental para que salga de ahí y se desvanezca cual polvareda del desierto.

Ojalá, ¿eh? Imagínalo así, puede funcionar.

## MONOS CAPUCHINOS Y LA TRAMPA DE LA COMPARACIÓN

Imagina a una persona, llamémoslo Antonio, que lleva años trabajando en una oficina. Está contento con su sueldo, su trabajo no le genera problemas y, en general, está satisfecho con su vida. Se siente feliz.

Pero un día, en la cafetería, uno de sus compañeros, Iván, menciona casualmente que él gana más dinero y que tiene más beneficios. Al principio Antonio se siente bien, pero algo cambia… Empieza a preguntarse: «¿Por qué él gana más? ¿Qué estoy haciendo mal?».

El cerebro humano está fuertemente influido por la comparación social. El córtex prefrontal y la amígdala, que como sabéis son responsables de nuestras decisiones y emociones, están involucrados en cómo procesamos la injusticia percibida y la competencia.

De repente, Antonio, al ver a Iván, siente que su mundo se desmorona. Está siendo «superado» en una competencia invisible. Esto desencadena una respuesta de estrés y una reducción de la dopamina, lo que lleva a la disminución de la sensación de satisfacción o felicidad. Solo por compararse.

Pues esto mismo le pasó a un mono capuchino en el experimento realizado por Frans de Waal y Sarah Brosnan (2003). Investigaron cómo los monos reaccionan a la injusticia, y es que mostraron una distorsión cognitiva relacionada con la comparación social y la reciprocidad.

Metieron a dos monos capuchinos en jaulas adyacentes, de modo que podían observarse mutuamente. Se les entrenó para intercambiar una ficha con los investigadores a cambio de comida. Ambos monos recibían recompensa (un pepino) inicialmente por igual. Estaban contentos de recibir pepinos como recompensa.

Luego, uno de los monos empezó a recibir uvas (un premio más deseado), mientras el otro seguía recibiendo pepino, y en principio eso le proporcionaba bienestar.

El mono que continuaba recibiendo pepino reaccionó de forma negativa al darse cuenta de la desigualdad. Algunas de las reacciones eran tirar el pepino. Negarse a seguir participando en el intercambio. Lanzar las fichas con frustración.

«Pero, vamos a ver, ¿qué está pasando aquí? ¿QUÉ ESTÁ PASANDO AQUÍ, SEÑORES CIENTÍFICOS?», pensaba el mono. Bueno, en realidad reflexionaba a su manera, porque ya sabéis que los monos no hacen preguntas.

Los monos demostraron un claro sesgo de comparación social, reaccionando a la desigualdad incluso cuando obtenían una recompensa adecuada por sus acciones.

Esto mostró que el sentido de justicia y la aversión a la inequidad no son exclusivamente humanos.

En el caso de Antonio, su felicidad estaba basada en su contexto. Pero al comparar su situación con la de Iván, quedó claro que su felicidad era relativa. Entonces, cuando nos comparamos, ¿se distorsiona nuestro bienestar?

En el experimento, cuando a uno le daban pepino y al otro uvas, el primero se frustraba porque veía que su compañero recibía un trato mucho mejor, aunque ambos realizaban el mismo trabajo (intercambiar fichas).

Ahora imagina que el mono capuchino es como Antonio. Estaba feliz con su pepino, sin saber lo que pasaba a su alrededor. Pero cuando vio que el otro mono estaba recibiendo uvas, de repente se sintió injustamente tratado.

Para el mono el pepino era suficiente y era lo que esperaba al intercambiar sus fichas. Pero al comparar su «recompensa» con la de otro, su felicidad se desplomó. La comparación hizo que la satisfacción que sentía antes se convirtiera en insatisfacción.

La felicidad comparativa se basa en la idea de que nunca podemos dejar de comparar. Es la trampa de la comparación; antes te sentías feliz, pero ahora que sabes lo que tienen los demás, tu felicidad empieza a desinflarse como un globo.

Al igual que los monos capuchinos, los seres humanos (y los animales en general) estamos atrapados en la red de la comparación social. Debemos aprender que la felicidad no debería depender de las recompensas de los demás.

¿O sí?

# «CUANDO TU CEREBRO ORGANIZA UNA FIESTA EN TU CABEZA SIN INVITARTE»

A veces, sin ser conscientes, entrenamos a nuestro cerebro para creer cosas equivocadas que, aunque nos complican la vida, nos hacen sentir más «cómodos». Es como si aceptáramos esas ideas en lugar de hacerles frente con PENSAMIENTO CRÍTICO. Algo que requiere esfuerzo, y, seamos sinceros, nuestro cerebro tiene menos ganas de trabajar que el que le puso el nombre a la «sala de estar» o al «mueble bar». Solo quiere una cosa: sobrevivir con el mínimo esfuerzo, sin gastar energía.

**Llamémosle a esto «distorsiones cognitivas» o cómo convertir la mirada de alguien en una conspiración internacional.**

## Abstracción selectiva o filtraje

Cuando enfocamos nuestra atención solo en los aspectos negativos de una situación e ignoramos todo lo positivo, lo bueno lo vemos como «normal» y lo malo (que tal vez sea solo un detalle) lo ampliamos hasta convertirlo en el centro del universo.

Imagina que subes una foto a Instagram. De cincuenta comentarios, cuarenta y ocho te dicen cosas como: «¡Qué guapo/a estás!», o: «¡Esa foto es genial!». Pero dos personas dicen algo negativo, como: «No te favorece ese color», o: «¿Qué te ha pasado en la cara?», o algo peor. Y ahí estás tú, analizando esas dos críticas como si te hubieran insultado en público, mientras ignoras a los cuarenta y ocho que te lanzaron piropos.

Conclusión: tu cerebro decide hacerle un altar a los *trolls* y regalarles toda tu atención.

### Inferencia arbitraria (o leer mentes)

Cuando creemos que sabemos lo que los demás piensan de nosotros, y por supuesto, casi siempre es algo negativo, sin darnos cuenta de que es pura invención.

Llegas a una reunión y alguien no te saluda como esperabas. Tu mente empieza a trabajar: «Seguro que no le caigo bien, me está ignorando a propósito». Y después de una hora de paranoia, resulta que esa persona solo tenía un mal día, o estaba pensando en qué pedir para cenar. Conclusión: nos imaginamos tramas más retorcidas que una película de Nolan.

### Visión catastrófica

Aquí es cuando nuestra mente salta automáticamente al peor escenario posible, como si siempre estuviera esperando un desastre a punto de ocurrir. Este tipo de pensamiento puede terminar causándonos ansiedad.

Tu pareja o amigo/a tarda en responder un mensaje. Tu cerebro: «Se ha olvidado de mí», «le ha pasado algo», «lo han abducido los extraterrestres». Luego te llega un mensaje diciendo: «Perdón, estaba en la ducha».

¿Qué fue primero, las telenovelas o el cerebro?

### Sobregeneralización

Es cuando tomamos una situación específica y la convertimos en una verdad universal. Básicamente, de un grano de arena hacemos una montaña gigante.

Sales de una cita que no va bien y terminas pensando: «Nadie me quiere, siempre me sale mal», como si esa mala cita fuera representativa de toda tu vida amorosa entera y se repitiera en bucle. O si un colega te habla mal una vez, piensas: «Nadie me respeta en el trabajo».

De cada pequeño tropiezo hacemos una epopeya trágica.

DÉJEME ENTENDER BIEN: ¿QUIERE REPORTAR UNA PRESUNTA DESGRACIA PORQUE HACE DOS HORAS QUE SU PAREJA NO LE RESPONDE UN MENSAJE?

## ¿Se puede resolver?

Sí, con reestructuración cognitiva. Suena a tarea compleja, pero en realidad es como enseñar a tu cerebro a ver las cosas de una forma más realista.

Primero debemos identificar en qué momento tenemos esos pensamientos distorsionados (todos los tenemos de vez en cuando).

Luego debemos cuestionarlos: ¿es verdad que todo el mundo te odia?, ¿de verdad está pasando algo terrible? Y finalmente, comprobar la realidad. La mayoría de las veces, te darás cuenta de que estás exagerando o malinterpretando las cosas.

Si impacta negativamente en tu vida, un profesional puede ayudarte a cambiar esos pensamientos automáticos por otros más lógicos.

Al final todos caemos en esas trampas mentales de vez en cuando. Lo importante es no dejar que se normalice. Y si es necesario, buscar ayuda para reentrenar ese cerebro perezoso que solo quiere sobrevivir y, a veces, nos hace sufrir más de lo que debería.

Para finalizar con esta parte, voy a contaros una anécdota muy famosa que aclara muchos aspectos sobre pensamientos, creencias y conductas en las relaciones humanas.

*Estaba un día Sócrates pensando, como siempre, en sus movidas filosóficas y de repente aparece en su casa un discípulo suyo.*

*Él discípulo le dice: «Maestro, tengo algo que contarte de un amigo tuyo».*

*Sócrates: «Pero, vamos a ver, ¿lo que me tienes que contar ha pasado los tres filtros?».*

*Discípulo: «No sé qué es eso, señor».*

*Sócrates: «El filtro de la verdad, el filtro de la bondad y el filtro de la utilidad».*

*Discípulo: «Es que no me estoy enterando de lo que me estás diciendo, bro».*

*Sócrates: «No me llames "bro" que te reviento».*

*Discípulo: «Perdón, maestro».*

*Sócrates: «¿Lo que me vas a decir de mi amigo sabes si es verdad?».*

*Discípulo: «Pues no lo sé seguro porque me lo han contado».*

*Sócrates: «¿Lo que me vas a decir de mi amigo es bueno?».*

*Discípulo: «No, maestro, no es muy bueno».*

*Sócrates: «Y lo que me vas a contar de mi amigo ¿me aporta algo a mí o mi amigo?».*

*Discípulo: «Pues no creo, señor, no mucho».*

*Sócrates: Entonces, criaturita, no me digas nada.*

Esta pequeña fábula conocida nos da una buena lección sobre cómo evitar ser el portador de chismes y rumores y cómo recibir ciertas informaciones. Quizá sea una fantasía, pero deberíamos asegurarnos de que la comunicación sea veraz, constructiva y útil.

Nos enseña también a mantener el cerebro libre de basura y a no añadir más «mierda» a nuestra salud mental.

. CAPÍTULO 5 .

# < AY, LOS PREJUICIOS >

«TENER UN PREJUICIO ES ESTAR ABSOLUTAMENTE SEGURO DE UNA COSA QUE NO SE SABE.»

*- José Antonio Marina -*

**«EL CEREBRO ESTÁ COMPUESTO BÁSICAMENTE DE AGUA Y PREJUICIOS. TE JUZGO, ME JUZGAS MÁS RÁPIDO QUE UN NEUTRINO»**

El juicio inicial que emitimos sobre los demás se forma extremadamente rápido, en milisegundos. Investigaciones en psicología social han demostrado que, al ver a una persona, nos formamos una primera impresión en menos de un segundo, específicamente de cien a quinientos milisegundos.

Juzgamos a alguien más rápido de lo que tarda mi perro en oír el plástico del jamón de york. Nuestro cerebro puede formarse una opinión sobre otra persona en apenas siete segundos. SIETE.

Medio segundo para la primera impresión y siete para formarnos una opinión. Maemía, ¿eh?

Un estudio de Princeton liderado por los psicólogos Janine Willis y Alexander Todorov dedujo que creamos impresiones sobre la confianza y la competencia de alguien en menos de un segundo, basándonos solo en su rostro. Si alguna vez has pensado que ese desconocido en el ascensor tiene cara de ser buen o mal tipo, felicidades, tu cerebro ha decidido en menos tiempo del que necesitas para pestañear.

Si estás tratando de impresionar en una entrevista de trabajo, recuerda que los primeros siete segundos son clave. Más vale que esos primeros pasos sean una buena puesta en escena. Aunque si tropiezas, al menos habrás dejado una impresión memorable.

Estos juicios rápidos se conocen como «formación de la impresión», y aunque pueden ser útiles para no perder tiempo con las tarántulas en Australia, hoy en día nos pueden jugar malas pasadas.

## Cuando observamos

Al observar el rostro de una persona podemos juzgar, en menos de un segundo, aspectos como confiabilidad, atractivo y competencia. El estudio anteriormente citado concluyó que, en apenas una décima de segundo, ya tenemos una impresión de confiabilidad. Agregar más tiempo no cambia sustancialmente esa evaluación.

La apariencia física y la expresión facial juegan un papel crucial en este juicio rápido.

## Cuando escuchamos

Al escuchar la voz de una persona, el juicio también es muy rápido. Según estudios, en tan solo medio segundo ya podemos formarnos una impresión sobre la personalidad y el estado emocional del otro. Evaluamos si una voz suena segura, cálida o amenazante.

Además, las primeras palabras que alguien pronuncia pueden influir en juicios de carácter y confianza.

Estos juicios rápidos pueden ser automáticos e inconscientes y a menudo son difíciles de modificar, incluso después de obtener más información.

## «EL CEREBRO PREFIERE UTILIZAR PREJUICIOS PARA NO GASTAR ENERGÍA»

El cerebro es un ahorrador compulsivo de energía con un equipo de más de ochenta y seis mil millones de neuronas trabajando sin parar. Procesar a fondo esta energía requeriría la misma que un reactor nuclear; estaría constantemente procesando todos los colores, sonidos, rostros, emociones...

Estaríamos mentalmente agotados tras algo tan simple como decidir qué comer. El cerebro evaluaría cada ingrediente con la misma complejidad que la ecuación de Schrödinger.

Nos regimos por percepciones y experiencias propias, atajos para evitar un apagón.

Tenemos cinco espías al servicio del cerebro llamados «sentidos» (qué nombre más dramático, ¿eh?).

Siempre están recopilando información y, por supuesto, metiéndonos en líos.

Los sentidos no son experiencias en sí mismos, pero son la puerta de entrada a ellas. Recopilan información: el sonido de una canción que te transporta a la infancia, el aroma de una comida que te recuerda a tu abuela materna o la vista de un paisaje que te dejó boquiabierto. Cada experiencia está mediada por lo que nuestros sentidos nos permiten percibir.

Además creamos asociaciones emocionales con ellos. Con el tiempo nuestro cerebro asocia estas percepciones sensoriales con emociones y recuerdos (el olor a mar te recuerda a vacaciones felices o un sonido fuerte puede hacerte sentir ansioso si lo asocias con una situación de peligro). Estos vínculos entre sentidos y emociones son el pack de nuestras experiencias y de ello se aprovecha el neuromarketing.

Los sentidos moldean también nuestras preferencias: si probaste una comida de niño que te repugnó es probable, solo probable, que hoy en día no te guste. Tu cerebro ha creado una asociación negativa basada en la experiencia inicial.

Además impactan en nuestros juicios y decisiones: si alguna vez te sentiste cómodo o incómodo en cierto entorno, el cerebro utilizará esa información para ayudarte a decidir si quieres repetir o evitar la experiencia en el futuro.

Todas nuestras experiencias están mediadas por lo que percibimos sensorialmente. Esas percepciones se almacenan poco a poco en la memoria y crean un conjunto de recuerdos, emociones y asociaciones que guían nuestras decisiones, juicios y preferencias a lo largo de la vida. Vamos tejiendo los prejuicios como si fueran muestras de ganchillo.

Los sentidos nos brindan información incompleta o sesgada. A través de ellos sacamos conclusiones erróneas o mantenemos ideas preconcebidas sobre personas o situaciones.

Por ejemplo:

- ★ **Vista:** ves a alguien en la oficina con el mismo suéter navideño horrible que usa tu tío Federico en todas las cenas familiares. Automáticamente piensas que esa persona es insoportable. No importa que nunca hayas hablado con él, su gusto por los suéteres lo delata. Debe ser igual de aburrido y pesao que tu tío.
- ★ **Oído**: escuchas a una persona hablar con una voz idéntica a la de tu vecina, esa que te vendió la thermomix con malas argucias (como me hizo a mí, ¿os acordáis?). De inmediato asumes que está a punto de intentar venderte una batidora o una aspiradora

milagrosa. Tu mente ya está buscando cómo escapar de la conversación. Huyes.

- **Olfato:** alguien en el metro lleva el mismo perfume a madera que el profesor que te ha suspendido la asignatura que más has estudiado del máster que estás haciendo. Automáticamente decides que esa persona no te cae bien. Ni siquiera importa que sea amable o te ofrezca asiento; ese olor te ha bloqueado cualquier posibilidad de simpatía. Y encima vas de mala leche al curro.
- **Gusto:** en un evento gastronómico pruebas una comida exótica. De inmediato te recuerda a la sopa espantosa que hacía tu tía cuando eras peque. Desde ese momento te niegas a confiar en la recomendación culinaria de la persona que te lo sirvió, aunque sea una chef con estrella Michelin. Y además te transmite desconfianza.
- **Tacto:** estás en una tienda de ropa, tocas una camisa de una tela un poco áspera. De inmediato te recuerda al uniforme incómodo que usabas en el colegio. Sin darle más oportunidades, decides que la marca entera de ropa es una conspiración para torturarte. No pisas la tienda más, te da repelús.

También puedes etiquetar positivamente, por supuesto, pero el problema es cuando etiquetamos negativamente porque anulamos la empatía /sintonía. Eso crea emociones dañinas que afectan a lo que estés haciendo en ese momento.

Y aunque esas respuestas fueron útiles en términos de supervivencia en nuestro pasado evolutivo, en la vida moderna pueden contribuir a mantener prejuicios dañinos y simplificaciones injustas hacia las personas que nos rodean.

El problema es que etiquetar a las personas basándonos en nuestros sentidos es como intentar leer el futuro en una bola de cristal empañada. Creemos que tenemos un sexto sentido que es el rey de los sentidos, pero en realidad es una creencia convertida en confusiones, situaciones incómodas y equivocaciones.

Es difícil, pero tal vez deberíamos hacer un esfuerzo, gastar un poco de energía y utilizar el PENSAMIENTO CRÍTICO para cuestionarnos ciertas cosas. Dejar de lado el «primer impacto sensorial» e intentar conocer a las personas antes de decidir que son el enemigo público número uno o la reencarnación de Cristo.

Menos el de las personas que llevan el mismo jersey que tu tío Federico, ese prejuicio está bien, puedes conservarlo.

**«Querida tía, te repito que sí me gustan las zanahorias.» El misterioso caso de la identidad congelada desde los diez años.**

De pequeña no me gustaban las zanahorias. Con los años me empezaron a gustar, pero mi tía se quedó con una idea de hace más de, pongamos, unos cuantísimos años. Cada vez que me ve lo mismo: «No he traído tarta de zanahoria porque no te gusta», «No he echado a la carne zanahorias por si no la pruebas».

«Que sííí, que me gustan desde hace mil añooosss.» Da igual que se lo diga cientos de veces.

Podríamos llamarlo congelamiento en la identidad o anclaje en la percepción. Forma parte de los prejuicios. Ocurre cuando las persona mantienen una imagen fija o estereotipada de alguien, basada en experiencias o características pasadas, incluso cuando la persona ha cambiado significativamente.

En nuestro cerebro hay algo llamado «sesgo de anclaje». Esto ocurre cuando alguien fija su percepción en una característica o comportamiento específico de otra persona. No importa cuántas pruebas les lances (¡aunque jures comiéndote una ensalada entera de zanahorias!), la percepción permanece rígida. Es como si su cerebro dijera: «Eh, ¿cambiar de idea? No, gracias, estamos bien así».

Tiene que ver con la forma en que almacenamos recuerdos y categorizamos a las personas. La corteza prefrontal nos ayuda a tomar decisiones, pero si algo ya está registrado en nuestro cerebro, es más difícil modificar esa etiqueta. El problema es que el cerebro humano odia gastar energía en reevaluar cosas que ya cree conocer. Prefiere mantenerse cómodo con la imagen mental que se formó en el pasado.

En las empresas es muy peligroso. Si piensas que mi tía es persistente con las zanahorias, espera a ver cómo una organización decide quién es «competente» y quién no, basándose en recuerdos más arcaicos que un disquete.

Ahí tienes a Bruno, ese excompañero que era un poco perezoso en un trabajo en el que estaba desmotivado y que ahora es un líder transformacional. En las mentes de los directivos que trabajaron con él hace veinte años sigue siendo «el que no participaba en las reuniones o no entregaba los informes a tiempo». ¿Por qué? Porque una vez más, ¡nuestro cerebro odia los cambios! Sigue siendo lo que era, al menos hasta que un nuevo paradigma lo demuestre.

Nuestra memoria es selectiva. Los familiares y amigos cercanos pueden fijar en ti los rasgos que más resaltaron en su relación contigo en ese momento. Por un lado entra en juego la nostalgia o idealización del pasado. Y es que a veces las personas se aferran a una versión pasada de alguien porque tienen apego emocional a esa época.

Pero la razón última es la RESISTENCIA AL CAMBIO. Las personas, sobre todo las más cercanas, pueden tener dificultades para aceptar que alguien ha cambiado. Eso desafía sus propias creencias.

**Cambiar la percepción que tienen de ti les obliga a recalibrar su idea de quién eres y cómo tienen que interactuar contigo.**

La gente cambia. El cerebro puede ser un poco lento para actualizar sus archivos, pero con la dosis correcta de apertura mental, podemos enseñar a nuestros cerebros y a nuestras tías que evolucionar es parte de ser humano.

En el fondo todo esto demuestra lo maravilloso que es el cambio y lo importantes que son las segundas oportunidades.

## «ESTO ES LA SELVA, AMIGOS»

Todos nosotros, cuando vamos por la calle, por casa, por el trabajo somos pasto de los prejuicios de otros. Nadie se salva. Esto es la selva, amigos.

Porque mientras tú caminas tranquilamente por la calle, tal vez pensando en qué vas a cenar o en si deberías haber respondido mejor a ese email de trabajo, tu cerebro no está solo de paseo. No, queridos amigos. Estás siendo escaneado, juzgado y etiquetado. Y todo en tiempo récord. Los cerebritos tienen un botón de hacer suposiciones instantáneas.

Prejuicios volando por todos lados como dardos en una expedición fallida a los confines de la Tierra, Marte o Getafe.

El prejuicio de tu vecino porque tu camisa está sin planchar, el juicio de tu jefe porque no dijiste «gracias» cuando te entregó el informe, o esa mirada fulminante de alguien porque simplemente existes.

Ese trasto que llevamos sobre los hombros ha evolucionado para ahorrarse tiempo, y lo hace categorizando a la gente en tiempo récord: «Amigo o enemigo», «útil o estorbo», «guapo o..., bueno, mejor sin comentarios». Lo hacemos porque, en la prehistoria, tomar decisiones rápidas sobre quién era un buen aliado o quién te iba a devorar ayudaba a, ejem, ejem..., NO MORIR.

Mientras piensas que eres libre y que no te importa lo que los demás piensen de ti, tu cerebro está en modo «piloto automático», lanzando prejuicios por doquier. Y mientras tú te proteges de los dardos envenenados de otros, tú también los disparas alegremente.

Crees que puedes escapar, ¿verdad? Pues no. Ni con la mente zen más entrenada, ni con años de terapia cognitivo-conductual podrás evitar esa sensación instantánea de prejuicio cuando alguien con calcetines y sandalias se suba al ascensor contigo.

Y por supuesto, todos estamos en este juego. Caminamos por la jungla moderna con nuestros cerebros listos para juzgar y ser juzgados. Al menos puedes consolarte sabiendo que, en esta selva, el juicio de los demás no te va a comer... Bueno, no literalmente, claro.

**El cerebro sigue viviendo en la Edad de Piedra mientras nosotros intentamos sobrevivir al siglo XXI.**

Hablemos también de esos prejuicios que tenemos hacia los que consideramos «diferentes». Son como esos monstruos imaginarios en los que creíamos de pequeños, pero en vez de desaparecer al encender la luz, se quedan.

La ciencia nos explica que estos prejuicios tienen raíces profundas en nuestra evolución, donde nuestro cerebro, en su intento de protegernos del peligro, desarrolló mecanismos para detectar «amenazas».

Antes, esas amenazas eran tigres con dientes de sable o el oso de cara corta (este último era dos veces más grande que un oso pardo y corría más que un caballo, que lo he leído en la Wikipedia). Pero hoy en día, para algunos, esas amenazas son personas con diferente color de piel, o creencias, o formas de amar. Perpetuar estereotipos para mantener las cosas «como siempre han sido».

Mucho miedo a evolucionar, ¿eh?

## El miedo al diferente: un sistema antiguo

En el fondo todo esto del miedo al diferente es una programación cerebral pasada de moda. Nuestro cerebro trata de ayudarnos; clasifica y cataloga todo como si viviéramos en la Edad de Piedra, pero el mundo moderno es mucho más complejo que eso.

La buena noticia es que podemos reprogramar esas creencias, aunque a veces parece que algunos no disponen de esa tecnología.

Muchas veces no sabemos cómo reaccionar ante lo diferente. Todo forma parte de un viejo mecanismo de supervivencia. Lo bueno, y a diferencia del *Homo erectus*, es que tenemos plataformas con series, películas y documentales.

También podemos viajar, leer y aprender de otras personas para deshacer esos patrones.

## LA HISTORIA DE JANE ELLIOTT Y SU EXPERIMENTO «OJOS AZULES VS. OJOS MARRONES»

Todo empezó en 1968, después del asesinato de Martin Luther King Jr., cuando Jane, una maestra en Iowa, dijo: «Vamos a ver qué pasa si divido a estos niños según el color de sus ojos y les doy un sabor a discriminación».

Su intención era mostrar a sus alumnos, blancos en su mayoría, los efectos del racismo y los prejuicios basados en características superficiales.

**Día 1:** Los niños de ojos azules fueron etiquetados como superiores. Recibieron privilegios como más tiempo de recreo, acceso a mejores materiales y más atención de la maestra. Los niños de ojos marrones, en cambio, fueron tratados de manera inferior. Llevaban collares para identificarse y recibían críticas más duras y menos atención.

**Día 2:** Jane Elliott revirtió los roles. Ahora los niños de ojos marrones fueron considerados superiores y los de ojos azules, inferiores. Sin embargo, durante el segundo día, los niños de ojos marrones no fueron tan duros con sus compañeros como lo habían sido los de ojos azules el día anterior. Mostraron que el haber sido discriminados los había hecho más empáticos.

Primero puso a los de ojos azules en el trono de la superioridad. ¿Qué ganaban? Todo lo que un niño de tercer grado podría desear: más recreo, mejores materiales...

Los niños de ojos marrones, por otro lado, estaban atrapados en la trinchera del infortunio: menos tiempo de recreo, un bonito collar que les recordaba su «inferioridad» y, por supuesto, el fabuloso honor de ser tratados como ciudadanos de segunda clase... en su propia clase.

Como era de esperar, los niños de ojos azules rápidamente empezaron a actuar como si hubieran heredado el mundo. Algunos se convirtieron en dictadores en miniatura. Los niños de ojos marrones, que hasta el día anterior eran sus mejores amigos, de repente se encontraron con la mirada baja y los ánimos por el suelo. Y todo por el color de ojos.

Pero aquí es donde Jane dio su giro argumental: ¡cambió los roles! Al día siguiente los de ojos marrones pasaron a ser los VIP, mientras que los de ojos azules quedaron en la fila de los plebeyos. Esta vez los niños de ojos marrones, que habían probado la amargura de la discriminación el día anterior, no fueron tan crueles con sus compañeros. Algo así como: «Te discrimino, pero solo un poquito».

## Resultados

Los estudiantes adoptaron rápidamente los roles que les asignaron. Los que eran considerados superiores comenzaron a actuar de manera más confiada, arrogante y dominante, mientras que los considerados inferiores se volvieron más tímidos, retraídos y frustrados.

El experimento fue tan impactante que los estudiantes recordaron la lección durante años. Muchos señalaron que esta experiencia los ayudó a comprender el racismo y los prejuicios a nivel personal.

Jane Elliott lo replicó en diferentes ocasiones a lo largo de los años. En escuelas, en entrenamientos corporativos y en medios de comunicación, siempre con el mismo propósito: demostrar la naturaleza arbitraria y destructiva de la discriminación.

Muchos de los niños que participaron en el experimento crecieron y se convirtieron en adultos conscientes del racismo y las injusticias sociales. Hoy en día recuerdan la lección de Jane con cariño. En entrevistas posteriores algunos confesaron que fue una experiencia que les cambió la vida. Por primera vez entendieron cómo era ser juzgado por algo que no puedes controlar.

Este estudio nos muestra que los prejuicios pueden aparecer de forma instantánea y fácil, pero que también, a través de experiencias y reflexiones, pueden ser desmantelados.

. CAPÍTULO 6 .

# < PENSAMIENTO LATERAL >

«EL PENSAMIENTO LATERAL NO SELECCIONA CAMINOS,
SINO QUE TRATA DE SEGUIR TODOS LOS CAMINOS
Y DE ENCONTRAR NUEVOS DERROTEROS.»

*- Edward de Bono -*

## << DAR POR HECHO VS. PENSAMIENTO LATERAL >>

No necesitamos verificar muchas de las cosas que hacemos en nuestra vida cotidiana. Siempre han estado ahí, suele ser así o lo ha dicho alguien de confianza o un experto. A pesar de ello, hay cosas que se nos escapan sin darnos cuenta.

El cerebro, como ya sabemos, se toma muy en serio eso de ahorrar energía. Es un órgano muy poderoso y consume ya mucha de por sí. Pero ¿por qué no hace el gasto en cosas útiles? No, a él le da por optimizar a lo flojo.

Dice: «Mira, si he visto esa puerta quinientas veces, ya me doy por enterado de que va a estar ahí cada vez que pase por el pasillo. No necesito mirar». Entonces, cuando algún simpático decide mover esa puerta, ¡PLAF!, nos estrellamos. Y el cerebro, en lugar de disculparse, se queda contrariado, ojiplático, patidifuso.

Este funcionamiento se lo debemos a algo llamado «sesgo cognitivo».

Los sesgos son como esos atajos mentales que toma el cerebro: a veces útiles, pero la mayoría de las veces, equivocados.

Por ejemplo, cuando estás seguro de que alguien te dijo algo y resulta que nunca pasó. El cerebro, fiel a su estilo, te lo asegura: «Te lo juro, lo escuché clarito». Y tú le crees, claro.

¿Cómo no? Si es tu propio cerebro.

Pero resulta que el cerebro no era tan fiable como pensabas. No escuchó nada, solo lo inventó atando cabos que no analizó correctamente.

Tomemos este ejemplo de pensamiento lateral:

*Un hombre regresaba a su casa después de haber bebido mucho. Caminaba por el medio de un camino rural desierto. No había luces que iluminasen el camino ni brillaba la luna. El hombre vestía de negro. De repente, un automóvil que lleva los faros delanteros apagados se aproxima rápidamente. Pero el conductor ve al hombre y maniobra para evitar arrollarlo.*

*¿Cómo pudo verlo?*

Intentad resolverlo sin buscar la solución. Luego lo comentaremos.

Estás viendo una película, en los primeros minutos te formas toda una trama en la cabeza. Ya has decidido quién es el malo, quién se va a enamorar de quién y quién se va a morir en el primer giro dramático. Luego, cuando no pasa, tu cerebro se queda desconcertado.

Los *plot twist* son lo mejor para nuestro proceso cerebral. Cuando hay un giro argumental o *plot twist* para los amigos, nos quedamos fascinados con la película. Nos llevamos una sorpresa fuera de lo común, fuera de lo esperado...

El cerebro, en su esfuerzo heroico por ahorrarse unos miligramos de glucosa, termina dándonos una versión simplificada de la realidad. «DE LOS DETALLES QUE SE ENCARGUEN OTROS», dice.

## «LAS EXPECTATIVAS»

Robert Rosenthal y Lenore Jacobson, psicólogos estadounidenses, llevaron a cabo un estudio en una escuela primaria en California: lo llamaron «efecto Pigmalión».

La idea era comprobar cómo las expectativas de los maestros influían en el rendimiento académico de los alumnos.

Robert y Lenore fueron a esa escuela e hicieron a los alumnos una prueba de inteligencia. La llamaron *Test de Harvard de potencial intelectual* (aunque en realidad no era nada especial).

SIN QUE LOS MAESTROS LO SUPIERAN y sin mirar los resultados de la prueba, seleccionaron al azar a un grupo de estudiantes. Les dijeron a sus profesores que estos alumnos eran «niños con un potencial de crecimiento intelectual extraordinario».

Es decir, les hicieron creer que esos estudiantes estaban destinados a destacar y crecer académicamente. SE LO INVENTARON.

Su idea era que, al convencer a los maestros de que ciertos estudiantes (que en realidad no habían sido elegidos por su inteligencia) tenían un potencial sobresaliente, esperaban que los maestros modificaran, quizá sin darse cuenta, su manera de interactuar y enseñar a estos alumnos.

¡Y ASÍ FUE!

Al final del año escolar, los estudiantes etiquetados como alumnos con potencial extraordinario, mostraron una mejora significativa en su rendimiento académico en comparación con sus compañeros.

¿Por qué? Porque los profesores, al tener expectativas altas, les prestaron más atención, les dieron un trato más alentador y mostraron mayor disposición a ayudarlos. Sin darse cuenta, los maestros se convirtieron en una especie de profecía autocumplida.

Esto pasa cuando nos hablan bien de alguien o le atribuimos a una persona heroicidades que quizá no tenga. Sin darnos cuenta le otorgamos más atención y confianza.

El «efecto Pigmalión» sugiere que las expectativas influyen en el comportamiento de las personas. Cuando creemos que alguien tiene potencial, lo tratamos de manera diferente: con más paciencia, confianza y oportunidades. Esto genera un ciclo positivo donde la persona en cuestión también empieza a creérselo y a rendir mejor.

Es fundamental para entender cómo nuestras percepciones pueden tener un gran impacto en las vidas de quienes nos rodean.

## «LAS EXPECTATIVAS QUE CREABA MI ABUELA»

Mi abuela, por ejemplo, en sus conversaciones dejaba caer expectativas de otros. Cuando hablaba de alguien, introducía datos que no venían a cuento en la conversación:

«Hoy he visto al carnicero con su hijo, que por cierto es arquitecto, y le he encargado la carne para el sábado». Si os dais cuenta, el dato de que el hijo es arquitecto no aporta nada a la información que nos trasladaba, pero ya había dejado caer una expectativa.

¿Por qué hacía esto? ¿Para darle más caché al carnicero, más prestigio local? Las personas que, como mi abuela, hacen eso, están llevando a cabo un gran trabajo de marketing. Emiten mensajes subliminales que luego recogemos los demás como verdad absoluta.

Lo damos por hecho porque entra directamente, sin análisis. La información venía envuelta en el prestigio que mi abuela había tejido.

Los mensajes subliminales en los anuncios y las anécdotas cotidianas de mi abuela son estrategias que tienen más en común de lo que parece. Ambas consisten en introducir información que nadie pidió pero que, de alguna manera, termina ocupando espacio en tu cerebro. Como esos logos de cualquier producto que aparecen un milisegundo en pantalla.

Y FUNCIONABA: cada vez que pasaba por esa carnicería me acordaba de que el hijo del dueño era arquitecto.

Una expectativa sutilmente depositada en mi cerebro cual *banner* subliminal.

Resulta que, actualmente, el nieto del carnicero, o lo que es lo mismo, el hijo del arquitecto, es Key Account Manager. Me parto de risa solo de imaginar a mi abuela, que ya no está entre nosotros, metiendo esa profesión en su anécdota diaria: «He ido al carnicero y estaba ayudándolo su nieto, que por cierto es Senior Strategic Key Account Manager, además de Executive Business Development Manager, deshuesando pollo y fileteándolo».

## La historia de Fernández Carmona, «Carmo» para los amigos

Imagina que en tu oficina está Carmo, el compañero que trae la comida en un tupper todos los días. No es que sea un gran chef. De hecho, más bien calienta unas cuantas croquetas congeladas o pasta con salsa de bote. Pero un día, por error, alguien prueba su comida. En ese momento la vida de Carmo cambia. Justo ese día, tuvo un golpe de suerte y su pasta le quedó particularmente comestible.

Sin que él lo sepa, se extiende el rumor: «¡Carmo cocina increíble! ¡Tienes que probar sus fideos, es un maestro de la gastronomía!». Y de repente todos en la oficina empiezan a verlo como el próximo chef estrella.

## El efecto Pigmalión y su puesta en escena con la fuerza de las expectativas

Al día siguiente uno de sus compañeros se le acerca: «Oye, Carmo, ¿qué maravilla nos traes hoy? Dicen que eres buenísimo cocinando». Carmo, confundido y sorprendido, decide no defraudar la expectativa. Esa misma noche se pone a ver tutoriales de cocina en YouTube. Descubre cómo usar especias, cómo hacer un sofrito decente y hasta cómo se pronuncia «quiche» sin parecer que está estornudando.

Para el siguiente lunes, llega con un tupper de «curry de garbanzos con arroz basmati» (que en realidad es el mismo curry de bote que compró en el súper, pero ahora con perejil picado encima; además, el arroz ya lo compró cocido). Lo prueba su compañera Paloma y suelta: «¡Esto es una obra de arte! ¿De verdad no eres chef?». Con cada comentario, Carmo se convierte sin querer en *el chef de la oficina*, pero con gusto.

Se va inflando como un pavo.

## «Carmo se merece una estrella Michelin»

Al cabo de unos meses Carmo es el rey indiscutible del *tupper gourmet*. Los lunes ya no son lunes para él: son el «día de probar una nueva receta». Se especializa en pasta casera, perfecciona su técnica de risotto y hasta se atreve con sushi (eso sí, el arroz se le pegó a la tapa del tupper y sabe a plástico).

Se excusa con falsa humildad porque, qué coño, es un «gran chef».

Ahora todos en la oficina se mueren por su comida. Ha pasado de ser el «chico de las croquetas congeladas» al «gurú culinario». Incluso sus compañeros lo alientan a presentarse a *MasterChef* (aunque él, por dentro, sabe que su nivel de cocina sigue siendo «lo que salga del microondas pero en bonito»).

El efecto Pigmalión nos enseña que las expectativas de los demás pueden llevarnos a hacer cosas que ni en sueños nos habríamos imaginado. Ahora Carmo, que antes consideraba un logro no quemar las palomitas en el microondas, se ve a sí mismo como el chef de confianza de toda la oficina. También tiene sus inconvenientes: ahora, cada vez que hay una comida de equipo, se espera que él traiga algo especial (y más de uno ya le ha preguntado por qué no ha hecho unas cuantas tortillas con cebolla caramelizada para todos).

Cuando alguien de la oficina mira a Carmo da por hecho que es un gran chef. Simplemente porque alguien probó un día una pasta que le salió bien, aunque es verdad que luego él se lo curró para mantener esa fama. Pero no se discute ni se analiza ni se cuestiona.

La próxima vez que alguien te mire con admiración y piense que tienes un talento oculto, déjate llevar un poco.

Construye creencias, lo hacen todas las empresas desde tiempos inmemoriables. Pintan resultados y expectativas para todos sus potenciales clientes.

No te cortes y adelante. Aunque tengas que estar toda la noche mirando tutoriales de YouTube y aparezcas al día siguiente con más ojeras que un panda.

## «PENSAMIENTO LATERAL, O EL ARTE DE RESOLVER PROBLEMAS DESDE OTROS ÁNGULOS MENOS CONVENCIONALES»

El pensamiento lateral es un proceso cognitivo que implica el uso de patrones no convencionales de resolución de problemas. Se caracteriza por la búsqueda de múltiples soluciones a un problema dado, en lugar de depender de un enfoque lineal y secuencial.

Aunque es el pensamiento crítico el que determina juzgar las afirmaciones de que el hijo del carnicero es arquitecto (¿cómo lo sabía mi abuela, se lo ha dicho él mismo o se lo han contado?, ¿hay pruebas?), el pensamiento lateral se encarga de dar sentido a esa información que, en principio, es irrelevante.

A diferencia del pensamiento lógico o vertical —que sigue una secuencia estructurada y se basa en la deducción y la causalidad—, el pensamiento lateral utiliza técnicas de reestructuración mental y creatividad para romper con las asociaciones habituales.

El pensamiento lateral es pensar «fuera de la caja». Significa encontrar soluciones creativas y originales, en lugar de seguir siempre el mismo camino o la misma manera de ver las cosas. Es como si, en vez de subir una escalera, decidieras deslizarte por el pasamanos o buscar una puerta secreta.

¿Por qué? PORQUE A VECES LAS RESPUESTAS MÁS SORPRENDENTES ESTÁN EN LUGARES DONDE NORMALMENTE NO MIRARÍAMOS.

En 1967, mientras los Beatles lanzaban «All You Need Is Love» y el mundo entero abrazaba el amor con flores en el pelo y corazones en el aire, Edward de Bono (psicólogo y médico maltés, quien acuñó el término «pensamiento lateral») no estaba para esas tontás.

Mientras medio planeta cantaba al unísono, él, en su rincón, solo pensaba: «Que sííííí, sí, amor y paz, pero ¿cómo resolvemos problemas de forma creativa?». Para De Bono, el amor era importante..., pero los atascos mentales, esos, esos atascos, necesitaban su forma de pensar.

De Bono se dio cuenta de que muchas veces resolvemos problemas de forma automática. Usamos «el camino más fácil» o lo que ya conocemos y damos por hecho. Con el pensamiento lateral, se proponía abrir la mente a ideas y conexiones nuevas.

Relacionemos esto, por ejemplo, con el estudio anterior planteado por Rosenthal y Jacobson sobre los alumnos y el CI inventado.

El experimento de Rosenthal y Jacobson ilustra perfectamente lo que ocurre cuando damos todo por hecho y no aplicamos pensamiento lateral. Los maestros en este estudio asumieron que las etiquetas de «altas capacidades» o «bajo rendimiento» que les dieron los psicólogos eran verdades absolutas. Sin cuestionarlo, siguieron esa narrativa. No usaron el pensamiento lateral para considerar que tal vez otros factores influían en las habilidades de sus estudiantes, como la motivación, el entorno, o incluso el ánimo del día. Básicamente aceptaron la etiqueta y la trataron como una «realidad fija».

Si los profesores hubieran usado pensamiento lateral, habrían visto que todos los alumnos tenían potencial, solo que necesitaban enfoques distintos para desarrollarlo. El pensamiento lateral les habría permitido considerar que el rendimiento no es algo fijo y que, con una atención diferente, más estudiantes podrían destacar.

Por lo tanto, al reforzar esos estereotipos (en los que creyeron a pies juntillas), limitaron el desarrollo de los niños etiquetados como «normales».

Con pensamiento lateral, los maestros habrían podido plantearse preguntas como:

- ¿Qué pasaría si trato a todos mis alumnos como si fueran de «alto potencial»?
- ¿Qué factores pueden hacer que un niño rinda mejor, además de su CI?
- ¿Cómo puedo motivar a cada estudiante, independientemente de su «potencial»?

El pensamiento lateral les hubiese permitido desafiar esas etiquetas y crear una cultura de aprendizaje. Cada persona tendría la oportunidad de brillar, más allá de las expectativas preestablecidas. Pero... no fue así. Dieron por hecho las valoraciones (inventadas) de los psicólogos.

## «Y DICHO ESTO...»

El fracaso escolar y el bajo rendimiento, a menudo, se deben a una mezcolanza de problemas emocionales, sociales y sistemas educativos más rígidos que la Guardia Real inglesa. Pero como los protocolos van a toda prisa, a muchos estudiantes les cuelgan el cartel de «imposibles».

Estos «imposibles» podrían ser genios si alguien les echara un poquito más de cuenta.

Problemas emocionales: ansiedad, depresión y TDAH no son excusas, son realidades. La OMS dice que entre un 10 y un 20 por ciento de los chavales lidian con estos inconvenientes, pero menos de la mitad recibe ayuda. Básicamente les piden remar sin remos.

Entornos familiares dañinos: si tu casa es un campo de batalla o si no hay para la merienda, estudiar se convierte en la última prioridad. UNICEF señala que la pobreza multiplica por setenta las probabilidades de abandono escolar. Sí, SETENTA.

Un sistema educativo de molde único: la UNESCO informa que el 40 por ciento de los estudiantes siente que lo que aprende no les interesa ni sirve. Es como obligarlos a leer un manual de instrucciones en etrusco.

Los protocolos, rápidos pero torpes: los profesores van desbordados. Con treinta o más alumnos por aula y veinte reuniones semanales, no tienen tiempo ni para un café, mucho menos para explorar los talentos ocultos de sus estudiantes.

Según el *Journal of Teacher Education*, el 65 por ciento no está preparado para lidiar con los problemas emocionales de sus alumnos. Si no puedes descifrar tristezas escondidas, imagínate descifrar talento.

De «imposibles» a genios ocultos: muchos etiquetados como «casos perdidos» podrían cambiar el mundo si se les diera una oportunidad.

La Universidad de Harvard afirma que la atención individualizada mejora el rendimiento un 40 por ciento. Solo un poquito de casito y ¡PUM!, gente brillante.

Posibles soluciones:

- **Casito y flexibilidad:** rediseñar los sistemas educativos para que no sean una fábrica de moldes. Capacitar a los profes en inteligencia emocional (y en cómo gestionar una clase sin perder la cabeza).
- **Dar reconocimiento:** un estudio de Stanford confirma que, si sienten que su esfuerzo importa, los estudiantes tienen un 30 por ciento más de ganas de darlo todo.

El fracaso escolar no siempre es falta de cerebro, sino de oportunidad. Mientras sigamos mirando las prisas y los protocolos, nos perderemos a los próximos científicos que podrían curar el cáncer o esas enfermedades imposibles. Pero oye, siempre podemos culpar al sistema sin cambiarlo. «Es el sistema, amigo», y apañao.

Podemos cambiar el mundo si apostamos por una educación que prepare a los ciudadanos para pensar de manera crítica, creativa y transformadora. Hace falta más inversión en un sistema educativo público que abra las puertas a nuevas oportunidades para todos, sin distinción, y que anime y fomente la curiosidad y el cuestionamiento.

Un sistema educativo donde se combinen grandes asignaturas como matemáticas, lengua, historia, geografía y filosofía, con materias que nos enseñen a manejar nuestras emociones, respirar bien, practicar el autocuidado, cuidar del entorno y tomar decisiones, nos prepararía mucho mejor para la vida que para el próximo examen.

Y aquí me tenéis, arreglando el mundo, mientras decido si tiendo la ropa fuera o dentro.

¿Sabéis si va a llover?

## Las cucharillas

Hace muchos años asistí a un taller de pensamiento lateral en Londres. Una experiencia llena de pequeños escenarios con diversas escenas y desafíos. El tiempo corría en nuestra contra. Teníamos un límite para resolver cada prueba y pasar a la siguiente.

En uno de los escenarios había varias tazas, algunas con cucharillas dentro y otras sin ellas, o eso creíamos. La tarea consistía en contar las tazas sin cucharillas. Nos acercamos rápidamente y, cuando vimos que de algunas tazas asomaba un «palito» de acero inoxidable, asumimos que esas eran las tazas con cucharilla. Las contamos lo más rápido posible para avanzar a la siguiente prueba.

El resultado fue sorprendente: ¡ninguno acertó! En realidad no había ninguna taza con cucharilla. Lo que asomaba no eran cucharillas, ¡eran tenedorcitos! Esto nos mostró cómo la presión del tiempo, el no acercarnos al detalle y nuestras suposiciones nos llevaron a errores básicos.

Es lo mismo que pasa en la vida cotidiana: vamos tan rápido que damos por hecho las cosas.

Usamos «atajos» mentales, leemos solo titulares o solo el primer post de un hilo con muchos más posts ocultos y llenos de información, pero con el primero ya nos formamos una opinión.

**Perdemos detalles importantes y, en lugar de pensar lateralmente, caemos en lo obvio y apresurado.**

## Ejercicios de pensamiento lateral

De Bono también propuso ejercicios sencillos para practicar el pensamiento lateral, una especie de «rompecabezas mentales».

Por ejemplo, un acertijo de pensamiento lateral clásico:

«Un hombre vive en el décimo piso de un edificio. Todos los días toma el ascensor hasta el primer piso y sale a trabajar, pero cuando vuelve, solo sube hasta el séptimo piso y luego usa las escaleras hasta su apartamento en el décimo. ¿Por qué?».

Es muy famoso, seguro que lo sabéis todos y todas.

Pensar lateralmente nos permite ver el mundo de una manera más divertida y creativa. Cada problema puede tener múltiples solu-

NAH, CAPITÁN, ES SOLO UN TROCITO DE HIELO FLOTANDO.

ciones y cada camino un desvío más interesante y mucho más loco que el que habíamos pensado primero.

## «¿POR QUÉ? ¿PARA QUÉ?»

Para explicar cómo funciona el pensamiento lateral en mis formaciones, suelo empezar con dos acertijos clásicos que ilustran cómo nuestro cerebro se atasca en patrones de pensamiento convencionales y cómo podemos superarlos:

- **El hombre muerto en el campo:** «Aparece un hombre muerto en medio de un campo. Junto a él hay una mochila sin abrir. No hay nadie más alrededor. ¿Cómo murió?». La pista aquí es que, conforme se iba acercando al lugar, él sabía que iba a morir *irremediablemente*.
- **El caso de Saturnino García:** «Saturnino García, natural de Segovia, está durmiendo tranquilamente cuando un ladrón entra a su habitación y roba algo de gran valor. Saturnino ve al ladrón, pero no avisa a la policía. ¿Por qué?».

En la dinámica de estos ejercicios, los participantes pueden hacer preguntas al moderador. Este solo puede responder con «sí», «no» o «no es relevante». Este límite les obliga a enfocar sus preguntas y explorar soluciones más creativas.

### Respuestas típicas y pensamiento horizontal

Cuando los participantes abordan el primer acertijo, suelen suponer que el hombre murió de un infarto o que había una bomba en la mochila. Estas respuestas son lógicas y siguen el pensamiento horizontal (o secuencial), que implica buscar una causa inmediata y «realista» basada en experiencias comunes: el hombre iba caminando y, por tanto, murió de algo que podría pasar en un entorno plano y conocido.

En el segundo acertijo, las respuestas comunes van en dirección a que el ladrón es un conocido de Saturnino, o que el objeto robado en realidad no era de gran valor. Algunas personas incluso se enfocan en que Saturnino no vio al ladrón si estaba durmiendo, o si era mudo (un mudo siempre va a poder comunicarse) o policía y por eso no pudo avisar. Todo esto representa el «pensamiento convencional» o una «realidad fija», donde asumimos que estamos viendo la situación correctamente y que la solución está en los detalles más obvios de la historia.

## Las soluciones y el poder del pensamiento lateral

La solución al primer acertijo es que el hombre era un paracaidista cuyo paracaídas no se abrió. Al acercarse al suelo, sabía que iba a morir.

Esta solución no es obvia, porque la mayoría no considera una perspectiva «vertical» o poco convencional. Estamos tan acostumbrados a un contexto «horizontal» que es difícil imaginar que alguien caiga desde arriba. Nuestro cerebro tiende a seguir lo que se llama un «canal neural habitual». Procesa los datos según nuestra experiencia y descarta posibilidades que se salen de esa estructura mental.

Para el segundo acertijo la solución es que Saturnino es un bebé, y un bebé, naturalmente, no va a llamar a la policía.

Sin embargo, nuestro cerebro automáticamente rechaza esta idea porque cuesta imaginar que un bebé se llame Saturnino, ¿QUIÉN EN SU SANO JUICIO PONE DE NOMBRE SATURNINO A UN BEBÉ? En su lugar seguimos enfocados en los elementos que parecen «lógicos», como el ladrón o el objeto robado. Este error refleja cómo el cerebro busca rápidamente sentido en la información sin cuestionar lo que «parece normal».

Estamos condicionados por nuestras experiencias previas. Al encontrarnos con detalles poco comunes (como el nombre de un bebé), damos por hecho ciertos aspectos y por ello tendemos a ignorarlos o considerarlos irrelevantes.

## Otro acertijo y la trampa de la imaginación

Otro ejemplo que uso en mis talleres es el que os he puesto anteriormente:

*Un hombre regresaba a su casa después de haber bebido mucho. Caminaba por el medio de un camino rural desierto. No había luces que iluminasen el camino ni brillaba la luna. El hombre vestía de negro. De repente, un automóvil que lleva los faros delanteros apagados se aproxima rápidamente. Pero el conductor ve al hombre y maniobra para evitar arrollarlo.*

¿Cómo pudo verlo?

La solución es simple: ERA DE DÍA. Pero nuestra mente, por su tendencia a la «escucha selectiva», asocia ciertos elementos (beber, falta de luces, faros apagados, color negro, ausencia de luna) con la noche.

Esto muestra cómo, en la vida real, al no cuestionar los detalles, nuestra imaginación se apodera de nosotros. Crea una historia a partir de conclusiones rápidas y palabras cosidas e ignora otras posibilidades. Los atajos cognitivos de los que hablábamos anteriormente.

## Pensamiento lateral y la vida cotidiana

Estos acertijos demuestran cómo, en la vida cotidiana, nos enfrentamos constantemente a información que procesamos a través de estos atajos, sin detenernos a analizarla en profundidad. La escucha selectiva y los pensamientos automáticos nos llevan a interpretar rápidamente una situación. Pero esta rapidez es la que limita nuestra creatividad y nos hace «dar por hecho» ciertos elementos. El pensamiento lateral nos permite romper con estos patrones mentales y considerar posibilidades que parecen inusuales o incluso ilógicas.

En los estudios de Edward de Bono se ha demostrado que, al forzar al cerebro a ver situaciones desde ángulos no convencionales, se activan redes neuronales asociadas a la flexibilidad cognitiva. Esto nos ayuda a mejorar nuestra capacidad de resolver problemas complejos y a innovar en diferentes contextos.

Practicar el pensamiento lateral, entonces, es un entrenamiento para nuestra mente. Nos invita a dudar de lo obvio, a cuestionar lo cotidiano, y a descubrir posibilidades nuevas y más creativas en la resolución de problemas, tanto en enigmas como los que surjan en la vida personal o profesional.

Para terminar esta parte os dejo cuatro planteamientos de pensamiento lateral para que le deis al coco:

## LOS CASCOS DE LOS SOLDADOS

Hace tiempo leí que, al comienzo de la Primera Guerra Mundial, el uniforme de los soldados británicos incluía una gorra marrón de tela. No tenían cascos de metal y las autoridades militares comenzaron a alarmarse por la cantidad de heridos en la cabeza. Decidieron entonces reemplazar la gorra por un casco metálico. Después de este reemplazo se sorprendieron porque la incidencia de heridas en la cabeza iba aumentando. La intensidad de la guerra era la misma antes y después del cambio. Entonces ¿por qué aumentó la proporción de heridos cuando los soldados llevaban cascos metálicos en lugar de gorra de tela?

## LA PERSECUCIÓN

Un hombre está siendo perseguido por un coche de policía, un camión de bomberos y una ambulancia. Sin embargo, no está en peligro ni está involucrado en ningún accidente. Cuando para su coche, los demás paran también. Se baja del coche, pero nadie se baja de los demás vehículos. ¿Qué está pasando?

## EL DISPARO

Una persona escucha un disparo, ve que el señor que dispara se va apresuradamente con la pistola en la mano. Ve a la gente corriendo, ve a alguien herido, pero nadie llama a la policía. ¿Por qué?

## EL APAGÓN

Un hombre entra en un edificio y, de repente, se va la luz. El hombre empieza a llorar.

¿Por qué?

Cuando los resolváis, hacedme un guiño.

. CAPÍTULO 7 .

# < CREENCIAS LIMITANTES E INDEFENSIÓN APRENDIDA >

**(El cóctel que te corta las alas... hasta que descubres que tienes paracaídas)**

«SI CREER NO PUEDES, ES POR ESO QUE FALLAS.»

- *Yoda* -

## << ÉCHATE UNA MUDA LIMPIA POR SI TE PASA ALGO >>

«¡Llévate ropa interior limpia por si te pasa algo!» Esa era la frase estrella de mi abuela cada vez que me iba de viaje. Yo siempre le respondía: «¿Y por qué no me llevo un vestido espectacular por si hay algo que celebrar?». Pero ella no lo veía así. Su mundo, como el de muchos, estaba anclado a la supervivencia, al «por si acaso».

Nuestras creencias más profundas están programadas para hacernos sentir seguros, aunque la lógica brille por su ausencia.

Desde pequeños cargamos con un arsenal de advertencias que se nos quedan selladas en el cerebro. Especialmente aquellas que incluyen el ingrediente secreto: EL MIEDO.

Y cuando algo nos da miedo el cerebro lo etiqueta como «ATENCIÓN, PRIORIDAD MÁXIMA». El cerebro está siempre atento a lo que podría suponer una amenaza. Eso, históricamente, era la diferencia entre seguir vivos o ser el almuerzo de algún depredador.

Tomemos como ejemplo el famoso «si te tragas el chicle, se te pegará en las tripas». Mi madre me soltaba esto con una seriedad de premio Nobel, y yo me pasé años convencida de que tragar chicle era peor que ir a la cárcel.

El chicle no se queda ahí atrapado para siempre, pero el miedo ya está instalado. Otro clásico: andar descalzo. Según mi abuela, andar sin zapatos era poco menos que firmar un contrato con el frigorífico para morir electrocutado. «¡Una niña abrió la nevera descalza y murió!», decía sin filtros. Eso sí, pruebas del caso, cero. Pero bastaba para que yo mirara al suelo antes de cada paso.

Esas creencias selladas entran sin pedir permiso y se quedan ocupando espacio. Y lo peor es que muchas veces, aunque sean absurdas, no las cuestionamos. ¿Por qué? Porque las creencias relacionadas con el miedo se quedan ahí bien amarradas. La amígdala, esa amiga saboteadora de la que hemos hablado anteriormente, se encarga de recordarnos que mejor prevenidos que electrocutados.

Luego están las creencias que se nos pegan de la sociedad como si fueran chicles en el zapato (o en la pared del estómago, ya que estamos). Esas también se quedan: «No puedes salir a la calle con el pelo mojado o cogerás una pulmonía», «Si te comes las uñas, no te querrá nadie» o «Si pasas por debajo de una escalera, prepárate para la desgracia de tu vida». Y ahí estamos, adultos, esquivando escaleras y secándonos el pelo contrarreloj por si acaso.

El problema es que, aunque muchas de estas creencias sean inofensivas, algunas nos frenan a la hora de hacer cosas nuevas. Porque, aunque el mundo haya cambiado, aunque ya no tengamos que preocuparnos tanto por tigres de dientes de sable sueltos, el cerebro sigue siendo fiel a esos «por si acaso» y «mejor no te arriesgues».

Pero, ¿qué pasaría si empezáramos a pensar en positivo o coherentemente? ¿Si en vez de preocuparnos tanto por evitar el peligro, lleváramos ese vestido increíble «por si hay algo que celebrar»?

A todas las creencias hay que darles una vuelta. Hay gente que se queda anclada a esas consignas, y aunque no haya mala intención en las advertencias, quedan tan selladas en nuestra mente que pueden acabar haciendo mucho daño.

Las **creencias limitantes** son esas ideas con las que crecimos y que nos han marcado más que un solomillo en la barbacoa. Es como llevar una vocecita en la cabeza que insiste en susurrarnos «no se puede» cada vez que intentamos hacer algo nuevo o diferente.

Vamos a diseccionar algunas de las favoritas, y es que...

## «LA SABIDURÍA POPULAR ES MUY CABRONA»

### «Así son las cosas»

Esto es básicamente el modo «abuelo» activado. Es el típico «¿por qué cambiar algo que funciona... aunque funcione mal?». Claro, ¿para qué abrirnos a lo nuevo cuando podemos seguir cómodos en el pasado? Esta frase promueve la resignación como si fuera un spa de lujo: bien cómodo pero cero emocionante. Es decirle a alguien que acepte su silla rota porque «es la gravedad, amigo».

Hay que arriesgar, innovar, dar la vuelta a todo.

## «El que nace pobre, muere pobre»

Esta es la excusa oficial para no buscar oportunidades, y aunque es verdad que hay diferencias entre nacer en el primer mundo que en el resto o en un barrio rico que en uno marginal, ¿para qué esforzarse si «nunca cambiará nada»?

Esta frase ignora a todo aquel que alguna vez decidió no quedarse quieto... y le salió bien. Hay que intentarlo, aunque luego tengas que enfrentarte a los «telodije».

En la década de los setenta, Sylvester Stallone era más pobre que las ratas. Tenía dificultades para conseguir trabajo como actor debido a su apariencia. Estaba tan desesperado económicamente que tuvo que vender a su querido perro por unos cuarenta o cincuenta dólares para poder sobrevivir.

Su propia pobreza y la pelea de boxeo que vio entre Muhammad Ali y Chuck Wepner lo inspiraron para escribir *Rocky* (el guion era suyo) con la idea central de un perdedor que supera adversidades.

Ni corto ni perezoso llevó su guion a varios estudios y United Artists se interesó en él. Le ofrecieron ciento veinticinco mil dólares. Para él era gloria bendita, pero aceptó poniendo sus condiciones: él interpretaría a Rocky Balboa, aunque los productores se resistieron porque querían actores conocidos.

Fue tal la turra que dio Stallone con que quería ser el prota que al final aceptaron con la condición de que el presupuesto de la película fuera reducido. Además, él recibiría un pago más bajo (unos treinta y cinco mil dólares).

Con el dinero inicial que recibió por *Rocky*, Stallone quiso recuperar a su perro. Localizó al hombre al que se lo había vendido, pero este, sabiendo que Stallone ahora tenía dinero, el cabrón le exigió una cantidad mucho mayor. Según las palabras del propio Stallone, tuvo que pagar quince mil dólares para recuperarlo.

*Rocky* se estrenó en 1976 y fue un éxito masivo. Fue nominada a diez Oscar y ganó tres, incluidos Mejor Película y Mejor Director. La película convirtió a Stallone en una estrella mundial y marcó el inicio de una de las franquicias más icónicas de la historia del cine.

Stallone pasó de una pobreza extrema a convertirse en una figura destacada del cine gracias a su talento y a la fe en sí mismo. Pero sobre todo gracias a la turra infinita que le dio a los productores.

### «Más vale malo conocido que bueno por conocer»

¿Y si lo «bueno por conocer» es la oportunidad de tu vida? Esta consigna es una chorrada, no hay por donde cogerla. Es la receta del estancamiento crónico y peligroso. Es un recordatorio de que podríamos estar más felices, más cómodos, pero ¿para qué salir de la zona de comodidad si se está calentito aunque suframos? Es el lema oficial de los calcetines con agujeros y los sillones incómodos: la costumbre.

### «El dinero no da la felicidad»

A ver, es cierto que el dinero puede que no dé toda la felicidad, pero ayuda a pagar unas vacaciones en una playa paradisíaca que te relaje de todo el estrés de la vida. Esta frase parece que fue inventada por alguien justo después de ver su cuenta bancaria en números rojos. El dinero da tranquilidad en esta sociedad que nos hemos montado. Eso ya es felicidad, o algo parecido. Es una excusa con un nivel alto de autoengaño.

### «Si no te esfuerzas, no mereces nada»

Vale, que esforzarse está bien. Pero tampoco hace falta ir por la vida como un hámster desquiciao en su rueda. Esta frase fomenta el sobreesfuerzo y deja el autocuidado abandonado en un rincón. Es la invitación perfecta para trabajar hasta que te caigas de cansancio. Y sin nadie que te aplauda. Equilibrio, gente.

No todo en la vida es una maratón de «a ver quién se agota primero».

## «No se puede tener todo en la vida»

No podemos tenerlo todo. Eso no significa que tengamos que resignarnos a poco. Es como ir a un bufé libre y decir: «Cogeré solo una ensaladita». Ay, pobre. Al menos intentémoslo y si luego la vida nos da dos hostias pues un aprendizaje más.

Este tipo de creencias limitantes se internalizan culturalmente. Aunque contienen fragmentos de verdad, pueden ser dañinas al frenar el potencial individual y colectivo.

Podríamos seguir con la sabiduría popular y lo cabrona que llega a ser con el famoso «piensa mal y acertarás» o «cuando el río suena, agua lleva». Expresiones que se quedan selladas y que pueden actuar como trampas psicológicas y reforzar nuestras creencias limitantes.

Estos refranes son como una aplicación de «filtro negativo» en nuestro cerebro: de repente vemos problemas hasta en una isla paradisíaca. Sí, puedes estar en una playa perfecta, piña colada en mano y tu cerebro empieza a susurrar: «Oye, ¿y si hay tiburones? ¿Y si este coco cae y me deja inconsciente? ¿Y si esta arena tiene bacterias?».

Gracias, refranes, por arruinar mi paraíso. ¡QUE HE TENIDO QUE PEDIR UN CRÉDITO, JODER!

Gente a la que le preguntas algo simple: «¿Por qué se reunieron los vecinos?», y te sueltan: «Piensa mal y acertarás... *Hastaluego*». ¡¿Cómo que «hasta luego»?! Me lanzas ese enigma, te vas, y me dejas como Sherlock Holmes, devanándome los sesos y sin ninguna pipa que fumar.

Es igualito que cuando te dicen: «Hasta mañana... *si Dios quiere*». Y tú te quedas pensando: «¿Y si no quiere? ¿Qué sabe esta persona que yo no sé?».

Por favor, ¡no hagáis eso! Ya hay suficiente incertidumbre en la vida para que nos dejéis con la intriga, como si estuviéramos resolviendo un caso de conspiración internacional o divina.

Este tipo de refranes nos predisponen a ver el mundo con desconfianza. Hacen que creamos que *es mejor no arriesgarse* o esperar lo peor, y por lo tanto también fomentan la indefensión aprendida de la que hablaremos más adelante.

Al aceptar que lo malo es inevitable, o que los rumores siempre tienen algo de verdad, nos convencemos de que *no podemos hacer nada para cambiar las cosas*. Por lo tanto, no actuamos, o actuamos con miedo.

## «LOS "TELODIJE"»

Si los «telodije» gobernaran, aún estaríamos cocinando con fogatas en el campo, utilizando el fax o rebobinando con un boli la cinta del casete. Los «telodije» están muertos por dentro. Y no hablo de las madres. Esas siempre tienen razón, y cuando no la tienen, también tienen razón.

Los «telodije» de los que hablo te están esperando a la vuelta de cada esquina, con ceja levantada y una sonrisa con un letrero luminoso que dice: «Te lo dije». No se pierden ni un solo intento fallido de hacerte sentir que estarías mejor en tu sofá disfrutando de la edición ciento ocho del concurso anual de comer *hot dogs* en Coney Island o rascándote la marca del calcetín.

No hay que sucumbir. Al final los «telodije» solo tienen poder si tú les das el micrófono. La vida está llena de intentos fallidos, de esos que luego se vuelven historias geniales para contar en reuniones familiares y sociales. Aunque en esas reuniones también haya «telodijes». Porque están en todas partes y viven para recordarte que, cuando las cosas van mal, ellos ya lo sabían.

Aunque los hay peores, mucho peores. Nivel rizar el rizo: los «¿telodijeonotelodije?». Estos no solo te lo reprochan, sino que te preguntan para hurgar más en la herida. ¡HUYE!

La próxima vez que uno de esos «telodije» te aceche, recuérdale que hasta los grandes tuvieron sus caídas. Porque, sinceramente,

¿quién quiere vivir en un mundo donde nadie arriesga, donde todos se quedan en su rincón para que no les caiga un «te lo dije»?

Sería tan aburrido como una película sin banda sonora o como un objeto sin aprovechar. Si no utilizas todo tu potencial serás siempre esa bicicleta estática que solo sirve para amontonar ropa.

«Las cosas siempre se han hecho así.» Pues cámbialas, coño, aunque sea un poquito. Prueba más cosas, otras estrategias, innova (esto es válido para empresas, familias, amistades y todos los guisos menos para la receta de cocido de mi tía).

Adelante, desafía a esos «telodije» implacables. Al final, la satisfacción de aprender supera con creces el sonido de ese «te lo dije».

Y si un día logras algo grande, te estarán acechando con un «sabía que lo conseguirías». Porque, por supuesto, siempre «tienen razón».

Cuando alguien te diga: «No lo intentes, es imposible», dale la razón y dile: «Claro, imposible... para ti».

Puede que proyecten en ti lo que ellos no harían nunca. Ni viven ni dejan vivir.

## «LOS SECAPLANTAS»

Existen unos personajes que, en lugar de echarte agua y ayudarte a crecer, son como una nube gris sobre tu cabeza. Pero no para darte sombra, sino para que te achiques y no intentes florecer.

### «No sirve de nada intentarlo»

Estos amigos son expertos en ver problemas donde tú ves oportunidades. Supongamos que quieres emprender y abrir tu propia cafetería. Llevas meses planeando, pensando en el concepto, el menú, todo. Y ahí llegan ellos: «Pero ¿estás seguro? La mayoría de los negocios cierran el primer año, ¿no has visto las estadísticas?».

En vez de motivarte, te plantan semillas de duda continuamente y te estresan más. No son amigos, son campanas extractoras encendidas.

Para ellos, cualquier cosa que esté fuera del sofá y los Riskettos es escalar el Everest en chanclas.

## «Eso no es para ti»

Luego están los secaplantas que parecen haber estudiado tu «potencial». Estos ya han decidido de lo que eres capaz (y de lo que no). Digamos que quieres aprender a pintar y, con emoción, compartes con ellos tu entusiasmo: «¡Pero si tú ni siquiera sabes dibujar! ¿Para qué vas a gastar tiempo en eso?».

Convencidos de que hay un «guion» en la vida y no podemos salirnos de él. Si toda la vida fuiste abogado, ellos creen que será así para siempre. La idea de que puedas reinventarte les da casi alergia.

## «Lo hago por tu bien»

Este es uno de los más sutiles y peligrosos. Usan la simpatía para tapar su negatividad. Son los que te dicen que solo te están protegiendo: «Yo solo quiero que no te hagas ilusiones». «Te digo esto porque te quiero.» Y su favorito: «Ya sabes que siempre te doy buenos consejos». Es como si fueran los guardaespaldas de tu autoestima. Pero tu autoestima necesita huir de ese segurata.

Con amigos como estos no necesitas enemigos. Cada vez que tienes un sueño o proyecto ellos ya están ahí, listos para darte un baño de «realidad» (o de pesimismo, como quieras verlo). La mayoría de las veces ellos ni siquiera han intentado nada en esa área, pero hablan desde un lugar de *expertise*. El *expertise* del desconocimiento.

Estudios en psicología social afirman que, rodearte de personas que te apoyen, aumenta tu capacidad de arriesgarte y aprender de tus errores.

La investigadora Barbara Fredrickson estudió cómo las emociones positivas amplían nuestras ideas y perspectivas. Básicamente, si tienes un «regador» en vez de un secaplantas a tu lado, tendrás más energía y seguridad para seguir creciendo y enfrentarte a nuevos desafíos.

## «NO CONFUNDIR»

No confundir a los secaplantas con esa gente de tu entorno que es coherente y no quiere cortarte las alas, solo evitar que te estrelles.

Por ejemplo, si decides cruzar Europa en una moto de desguace, te mirará y sugerirá: «¿Y si pruebas cruzar primero la calle?». No mata la idea, solo la ajusta a tu nivel.

O si piensas mudarte a una cabaña para «desconectar» puede recordarte que, sin datos en el móvil, no aguantas dos horas. Solo asegura que tu plan tenga algo de realismo.

O que al escuchar tu idea de gastar una fortuna en un curso de cocina molecular, antes de que te hipoteques, sugiere: «Empieza por hacer un huevo frito».

Estos amigos no son secaplantas, sino jardineros experimentados, y te ayudan a que tus ideas crezcan en buena tierra y no se las lleve el viento.

Tienes que distinguirlos, porque la línea que los separa muchas veces es muy fina.

## «TARJETITAS QUE FORMAN PALABRAS»

Para ilustrar la indefensión aprendida, imaginemos un experimento que suelo contar en numerosas ocasiones y que refleja esta situación.

En una clase de primaria la profesora divide a los estudiantes en dos grupos: Grupo 1 y Grupo 2.

A cada grupo le hace entrega de un conjunto de tarjetas con una letra en cada una de ellas y les da una instrucción muy sencilla: «Formen una palabra».

Al Grupo 1 le da letras que, con algo de esfuerzo, pueden formar una palabra. Al Grupo 2 le da letras que, por más que lo intenten, no pueden formar ninguna palabra (pero ellos no lo saben).

Tras unos minutos, la profesora pregunta: «¿Quién ha podido formar la palabra?». El Grupo 1 levanta la mano entusiasmado, misión cumplida.

El Grupo 2, con las manos abajo, no ha logrado nada. La profesora repite el experimento tres veces más. En cada ocasión, el Grupo 1 logra formar palabras y el Grupo 2 se queda frustrado sin resultados (porque no hay palabra que formar).

Finalmente, llega una cuarta ronda. Esta vez, las letras de ambos grupos *sí* pueden formar una palabra. Pero cuando la profesora pregunta quién ha resuelto la tarea, solo el Grupo 1 levanta la mano. El Grupo 2, tras varios intentos fallidos anteriores, se ha rendido y ni siquiera intenta resolverlo.

## ¿Qué ha pasado?

El Grupo 2 ha desarrollado indefensión aprendida. Han «aprendido» que sus intentos no llevan a nada y, por lo tanto, han dejado de intentarlo. Ante la expectativa de un resultado negativo, ni siquiera tratan de resolver la tarea, convencidos de que no tienen los recursos o la habilidad para lograrlo.

Este concepto fue estudiado por el psicólogo Martin Seligman. Acuñó el término «indefensión aprendida» para describir cómo humanos y animales, tras enfrentarse repetidamente a situaciones donde no pueden hacer nada para cambiar el resultado, terminan creyendo que siempre será así. Adoptan una actitud pasiva, convencidos de que no tienen control sobre las circunstancias, y dejan de buscar soluciones, incluso cuando sí existen.

Esta idea puede aplicarse a muchas áreas de la vida: el trabajo, las relaciones o el colegio. Aquí, la falta de éxito pasado nos convence de que cualquier intento futuro es inútil. Y así es como, sin darnos cuenta, nos convertimos en nuestros propios secaplantas internos.

Hay experimentos famosos con animales sobre indefensión aprendida realizados por Seligman, aunque son considerados crueles. Estos implicaban el uso de descargas eléctricas.

La hipótesis de Seligman establecía que, cuando los seres vivos (tanto animales como humanos) experimentan situaciones en las que sienten que no tienen control sobre los resultados, pueden aprender a rendirse y dejar de intentar cambiar su situación. Incluso cuando luego tienen la oportunidad de hacerlo. Exactamente igual que lo visto anteriormente con los alumnos.

## PALOMAS SUPERSTICIOSAS

Skinner fue el psicólogo que fundó la escuela conductista y su mayor defensor (no confundir con Skynet, la IA que lidera el ejército de máquinas y robots asesinos en *Terminator* cuyo objetivo era exterminar a la humanidad).

A este psicólogo conductista se le ocurrió hacer un experimento con palomas.

Skinner estaba muy obsesionado con el condicionamiento operante, proceso por el cual un organismo aprende a asociar una acción con su consecuencia y que sirve para moldear la conducta de un individuo a través de recompensas o castigos.

En el caso de las palomas, Skinner quería investigar qué comportamiento podrían desarrollar (aparentemente sin sentido) basado en la asociación: acción-consecuencia.

Para ello colocó a varias palomas en cajas y equipó una caja con un dispensador de comida. El alimento se liberaba de manera aleatoria, sin que la paloma tuviera que hacer nada en particular para obtenerla. La comida salía automáticamente sin que las palomas tuvieran que picotear un botón ni nada parecido.

Skinner observó con este experimento que, aunque la comida llegaba automática y aleatoriamente, las palomas comenzaban a repetir ciertos comportamientos que estaban realizando en el momento de recibir la comida: girar en círculos, mover la cabeza o las patas de manera determinada o picotear una esquina de la caja.

Y ahora viene lo mejor: según Skinner, las palomas DESARROLLARON COMPORTAMIENTOS SUPERSTICIOSOS. Estas aves asociaron accidentalmente su comportamiento con la aparición de comida. Creyeron que sus acciones eran la causa de la recompensa, cuando en realidad no había ninguna conexión.

Las palomas continuaron realizando estas acciones repetitivas. De alguna manera creían que, gracias a su comportamiento, provocaban la entrega de comida (sabemos que esto no era así, ¿verdad que lo sabemos?, ¿verdad?, ¿verdad?).

## «SUPERSTICIÓN: EL PLACEBO DE LA MENTE»

El experimento demostró que, después de todo, no somos tan distintos de las palomas.

Aquí estamos, humanos del siglo XXI, esperando que nuestros pequeños rituales y supersticiones nos traigan lo que tanto deseamos, igual que las palomas de Skinner.

¿O no os han dicho alguna vez que hay que rezar a San Cucufato con la maravillosa oración «San Cucufato, San Cucufato, los cojones yo te ato, y no te los desato hasta que encuentres mi...» para encontrar un objeto perdido?

(Que yo soy San Cucufato y te iba a ayudar Rita la Cantaora.)

Nuestras supersticiones pueden ser aprendidas (creencias populares): las que dan «buena suerte» (cruzar los dedos, tocar madera, encontrar un trébol de cuatro hojas); las que dan «mala suerte» (que se cruce un gato negro en nuestro camino, pasar por debajo de una escalera o romper un espejo).

Ninguna tiene evidencia científica ni sentido. Alguien se lo inventó en su momento y nos lo traspasó. Y ahora tenemos que soportar esa cruz sobre nuestras cabezas.

Y luego están las individuales de cada uno, que son como las del experimento de las palomas. Rituales que solemos realizar porque una vez funcionaron (aprobaste, ganó tu equipo, te dio suerte esa pulsera que llevabas en una entrevista de trabajo y ahora se ha convertido en tu amuleto).

No podemos olvidar que esas pequeñas creencias y rituales son, al fin y al cabo, nuestro «becerro de oro» personal. Nos aferramos a ellas como si de verdad tuvieran el poder de cambiar nuestro destino. Pero en realidad no son más que trucos mentales, placebos que nuestra mente ha fabricado para darnos una sensación de control en un mundo que, muchas veces, parece regido por el caos.

Y entonces la pregunta queda en el aire: ¿seguimos girando en círculos, esperando que llegue la comida, o finalmente rompemos el ciclo y nos liberamos de nuestras propias jaulas mentales?

Quizá al final lo importante no sea si la superstición funciona o no, sino lo bien que nos hace sentir la creencia de que, en un mundo impredecible, aún tenemos algo de poder sobre nuestro destino.

. CAPÍTULO 8 .

# < PERSUASIÓN, ¡CONVÉNCEME SI PUEDES! >

«HE APRENDIDO A NO INTENTAR CONVENCER A NADIE.
EL TRABAJO DE CONVENCER ES UNA FALTA DE RESPETO,
ES UN INTENTO DE COLONIZACIÓN DEL OTRO.»

*- José Saramago -*

Esa habilidad secreta que todos tenemos (y usamos más de lo que creemos) para influir en los demás, sin que ni siquiera se den cuenta, se llama persuasión. Una manipulación con estilo. El arte de hacer que todos piensen que fue su idea.

Desde la más tierna infancia, disponemos de una gran capacidad para manipular las decisiones de los demás.

Los bebés y niños pequeños son los verdaderos maestros de la manipulación. Logran que adultos racionales pierdan toda dignidad en cuestión de segundos. Vamos a desglosar sus estrategias, que rivalizan con cualquier manual de persuasión.

## Esos ojitos

Un bebé sabe cómo usar sus ojos. Esas pupilas dilatadas que te miran fijamente están diseñadas evolutivamente para derretir tu corazón.

¿Estás a punto de decir «no»? Entonces te lanzan esa mirada que parece gritar: «¿De verdad, tía Blanca, quieres romperme el corazón?». Resultado: compraste ese peluche que no necesitaba.

## El lloro

Este clásico es su as bajo la manga. Cuando un bebé llora, activa en el cerebro adulto una reacción similar a escuchar una sirena de emergencia, solo que en Dolby Surround.

Resultado: hacemos LO QUE SEA para que pare. ¿Les duele algo? ¿Tienen hambre? No importa. A veces solo quieren ver hasta dónde estás dispuesto a llegar. Si hace falta te pones a bailar «Baby Shark» en medio del supermercado. «Misión cumplida», piensa el bebé.

## Refuerzo continuo de monadas

Esto es psicología de manual. A veces el bebé te recompensa con una sonrisa o una carcajada adorable justo después de manipularte. Este refuerzo positivo es una droga emocional. Te tienen entrenado como a una paloma de Skinner. Te doblegas ante sus demandas porque no sabes cuándo recibirás el premio de nuevo.

## La técnica del agotamiento

Los niños mayores suben de nivel con esta táctica. Los berrinches no son simples explosiones emocionales, son guerras psicológicas de desgaste. Mientras tú razonas («no puedes tomar helado antes del desayuno»), ellos solo repiten el grito como un *loop* infinito.

¿Resultado? Tú cedes para salvar tu cordura y ellos aprenden que el que grita más tiempo, gana. Eso lo hemos hecho todos MAL. (Crees que no, pero tú también has sucumbido alguna vez, lo siento.)

## La imitación adorable (y calculada)

«¡Mira, mamá, estoy haciendo lo que tú haces, soy como tú!» Parece un acto inocente, pero en realidad te están hackeando emocionalmente. Te reflejan tus propios comportamientos, y como buenos humanos narcisistas, nos encanta. Así que caes en la trampa. «¡Qué listo es mi pequeño genio!», mientras ellos obtienen esa segunda chocolatina.

### Los abrazos y las risas

Los niños saben perfectamente que no puedes resistirte a un abrazo improvisado o una risa auténtica. Es su botón de reinicio emocional. Has tenido un día terrible y piensas endurecerte ante sus caprichos. Hasta que llegan con un «te quiero, papá» y se acabó el juego. Tú lloras, ellos ganan. «Je, je, je», piensan.

Los bebés y niños pequeños usan prueba y error para dominarte. Tú creías que eras el adulto al mando, pero ellos manejan el timón de tu vida emocional. ¿La buena noticia? Todo esto es amor en su forma más pura. Aunque también te deja sin dormir, pero pobrecito, ¿verdad?

## «CUIDADO, QUERIDO ADULTO» (UNA PEQUEÑA CONSIDERACIÓN)

Cuando somos mayores esas técnicas no funcionan. Si te comportas como un niño en la edad adulta, estás imitando esas rabietas que te funcionaron. Esos recursos son ridículos cuando eres mayor. Un adulto caprichoso es muy poco funcional. Parecerás un cretino o un mamarracho. Nadie te soportará, aunque no te lo digan. Es la inmadurez emocional, amigo.

La rabieta de un adulto es como ver a un niño atrapado en un cuerpo grande con un traje de chaqueta. El fenómeno tiene raíces en la psicología del comportamiento y la inmadurez emocional, pero en la vida cotidiana es simplemente un espectáculo.

Vamos a desglosarlo.

Cuando un adulto recurre a berrinches (en forma de «No te saludo», «Pues ya no te hablo», «Me enfado y no lo soluciono», «Tengo razón y punto»), básicamente está diciendo: «No he actualizado mi software emocional desde que tenía cinco años».

Estas actitudes se observan mucho en empresas, familias y redes sociales.

## Inmadurez emocional

En términos psicológicos, las rabietas de los adultos son un claro signo de regresión emocional. Ocurre cuando, ante una frustración, una persona no puede manejar sus emociones de forma madura y vuelve a comportamientos infantiles.

Es como si su cerebro se desconectara del neocórtex (el área racional) y dejara que la amígdala (el centro de las emociones) tomara el control mientras grita: «¡Yo quiero! ¡Ahora! ¡Porque sí!».

## Cómo se ve esto en la vida cotidiana

### En el trabajo

El típico compañero que tiene una mala actitud, o exagerada, porque le molesta algo, o porque alguien se comió su yogur que guardaba en la nevera, o porque no se hace el trabajo exactamente como él quiere.

**Resultado:** nadie lo toma en serio, solo los que son como él. Por otro lado, su imagen es muy poco respetada.

### En el tráfico

El adulto que se baja del coche y golpea las puertas porque alguien no avanzó rápido en el semáforo. Señores, un coche pitando histéricamente no es más rápido que el semáforo. Pero ahí está, reviviendo su berrinche, pobre.

**En el restaurante**

La persona que amenaza con llamar al gerente porque su plato no tiene la cantidad exacta de salsa, o no trata bien al camarero, se queja constantemente y exige de malas formas. No conseguirá que la salsa aparezca mágicamente ni que se resuelva nada así. Solo conseguirá que los demás comensales saquen el móvil para grabarlo y subir su *show* a redes sociales.

## «¿POR QUÉ NO FUNCIONA EN ADULTOS?»

Los adultos normales y funcionales no tienen tiempo ni paciencia para lidiar con rabietas, personas caprichosas o victimistas ni tonterías. De niños, nuestra audiencia (léase, los padres) estaba obligada por amor y responsabilidad a soportar esas explosiones. Pero en la adultez nadie tiene ese contrato contigo, y menos un camarero.

En lugar de conseguir lo que quieren, los adultos con berrinches continuos lo único que logran es que los eviten. ¿Alguien quiere trabajar con un cretino o salir con él? No, gracias.

Que los ridiculicen. Esa escena en la oficina o en reuniones familiares donde todos intercambian miradas de: «Otra vez...».

Que pierdan autoridad. Nadie respeta a un adulto que actúa como un niño malcriado. NADIE.

**La solución: crece emocionalmente, POR FAVOR (o haz un curso, o dos, o tres).**

La madurez emocional implica desarrollar autocontrol y aprender a manejar frustraciones. Las personas maduras:

Identifican sus emociones sin dejar que estas los controlen.

Buscan soluciones en lugar de gritarle a la nube como un abuelo enojado. Aceptan que no siempre se puede ganar o tener razón (¡y no pasa nada!).

Pero ojo, crecer no es solo apagar las rabietas. También es darse cuenta de lo ridículo que eres cuando explotas como un volcán en público.

En lugar de parecer un ser intimidante o persuasivo parecerás un cretino, incoherente y, lo peor de todo, un meme en potencia.

Respira hondo, cuenta hasta diez y recuerda: es mejor parecer tranquilo e inteligente que un niño atrapado en el cuerpo de un adulto, aunque sea solo por imagen y no aguantarte.

## «Y AHORA, SIGAMOS CON LA PERSUASIÓN»

Pero ¿qué es exactamente la persuasión?

Desde el punto de vista científico, la persuasión es el arte de cambiar las creencias, actitudes o comportamientos de otras personas, a menudo sin que se den cuenta de que están siendo influidas. Es convertirte en el director de una obra donde el público no sabe que forma parte del espectáculo. Según los psicólogos del comportamiento, la persuasión se puede lograr de varias maneras, dependiendo de lo sutiles o directos que queramos ser.

### Persuasión directa

Es cuando somos claros y concisos: «¡Quiero que hagas esto!».

A veces va directo al grano. No hay rodeos, no hay chistes, solo una solicitud directa. Eso sí, los resultados pueden ser muy variables.

Si le pides a alguien que te pase el mando mientras está viendo su serie favorita, puede que te ignore. Pero si le ofreces algo atractivo como «te invito a una pizza», probablemente no diga que no.

### Persuasión indirecta

Vas a casa de tu madre y pruebas unas fresas que ha comprado y le dices: «Qué ricas están, por favor». Al día siguiente te ha comprado tres kilos.

Esta técnica funciona especialmente bien porque no presionamos directamente, pero la sugerencia está claramente ahí. Es lanzar una piedra en el agua que va rebotando en la superficie sin darse cuenta de lo que realmente ha provocado.

Me detengo un momento en la persuasión indirecta. Quiero mencionar la naturaleza y su esquema de ternura. Crea a los bebés y a los cachorros con esas caras tan maravillosamente comestibles y adorables para que los cuidemos. SÍ, ESA ES UNA PERSUASIÓN INDIRECTA DE LA NATURALEZA.

La naturaleza es una maestra de la manipulación emocional, y las caras adorables de bebés humanos y cachorros, su obra maestra más astuta. Este fenómeno tiene raíces evolutivas muy profundas y está respaldado por estudios científicos fascinantes.

## «EL ESQUEMA DE TERNURA DE LORENZ»

El etólogo Konrad Lorenz propuso el concepto del Kindchenschema (esquema de ternura). Explica cómo ciertas características físicas desencadenan en los adultos respuestas de cuidado y protección.

Los ingredientes del «kit de monería» incluyen:

- Cabezas grandes y redondas (como una pelota antiestrés).
- Ojos desproporcionadamente grandes (que te miran como el gato con botas).
- Narices pequeñas y boquitas diminutas (tan riquinas que no puedes decir que no).
- Mejillas gorditas que gritan: «¡Apriétame, humano!».

Estas características activan en nuestro cerebro una respuesta instintiva que nos hace querer proteger, cuidar y hasta gastar fortunas en juguetes y alimentos.

Cuando miramos a un bebé (o un cachorro) se activan las mismas áreas del cerebro asociadas con la recompensa y el placer. Como cuando comemos chocolate o vemos nuestra serie favorita. Este efecto está mediado por la oxitocina, que nos hace sentir una conexión instantánea.

Así pasamos de «no quiero responsabilidades» a «¡LO PROTEGERÉ CON MI VIDA!» en menos de un segundo.

### Cachorros y bebés: maestros evolutivos

Los animales también han perfeccionado este truco. Los cachorros de perros, gatos, osos panda y hasta algunas aves son más adorables que los adultos. Eso se debe a que necesitan nuestra ayuda para sobrevivir. La naturaleza les ha dado un modo «monería» hasta que puedan valerse por sí mismos.

Los lobos adultos pueden ser intimidantes, pero los cachorros tienen esas orejitas caídas y pasos torpes que neutralizan cualquier miedo.

Todos los animales tienen esa forma de ternura. ¡Ainnnsss!

Un estudio realizado en 2016 utilizó imágenes de bebés humanos y animales para explorar la reacción de los adultos. Los resultados mostraron que las caras adorables no solo activan respuestas emocionales. También influyen en nuestras acciones, como pasar más tiempo cuidándolos o dándoles atención. Es pura persuasión biológica e indirecta.

Incluso los memes de internet sobre animales adorables funcionan. Están diseñados para activar ese mismo «chip» evolutivo. Por eso no puedes evitar compartir fotos de gatos dentro de cajas y tazas o perritos mirando de reojo. Éxito asegurado.

**¿Por qué pasa esto?**

Al final, todo se reduce a evolución y supervivencia. Si los bebés humanos o animales no parecieran tan irresistibles, no habríamos desarrollado el mismo nivel de compromiso para cuidarlos. Y no solo nos pasa a los adultos humanos, también a los adultos de cualquier especie animal.

Recuerda que no eres débil, eres una víctima felizmente manipulada por millones de años de evolución. ¡Y qué bien sienta!

Pero sigamos con los tipos de persuasión.

## Persuasión por autoridad

«Lo dice un experto en la materia», o alguien con uniforme. O mejor aún: «Mi madre lo dice». Nada como la cita de una figura autoritaria para que todos asintamos y hagamos caso. ¿Quién puede resistirse al poder de una buena cita de un ilustre personaje o, en su caso, de una abuela sabia?

Es impresionante lo fácil que resulta convencer a los demás simplemente mencionando algo que alguien «más sabio» ha dicho.

Para ello puedes atribuir una frase inventada a alguien experto y ya estaría. A lo mejor alguna frase atribuida a Einstein en realidad se la dijo su vecina.

## Persuasión por reciprocidad

Somos «monos sociales» que intercambian favores: «Te doy algo, y tú me lo devuelves». Así, si alguien te invita a un café, ya sientes la obli-

¿SABES LO QUE TE DIGO, ALBERT? QUE DOS COSAS SON INFINITAS: EL UNIVERSO Y LA ESTUPIDEZ HUMANA. Y NO ESTOY SEGURA SOBRE LO DEL UNIVERSO.

gación moral de devolver el favor. Es un intercambio tácito. De hecho, si lo piensas bien, todo el sistema de cumpleaños funciona con este tipo de persuasión. Nadie quiere quedar mal, que siga el postureo.

Por otro lado, hacer cosas esperando una recompensa —sea material, emocional o social— nos pone en una posición vulnerable. Cuando no obtenemos lo que esperábamos, experimentamos sentimientos de ira, tristeza o resentimiento. Este tipo de pensamientos repetitivos se convierten en rumiaciones. Os acordáis, ¿verdad?

### Persuasión por simpatía

Esta es la persuasión más sutil y eficaz, porque las personas tienden a decir que sí cuando les pedimos algo de una forma agradable. Esto también se aplica cuando tenemos un amigo con cara de ángel (con el recurso de la naturaleza sabia) que nos pide algo. Decimos que sí sin pensarlo mucho, aunque sea ridículo.

Es un hecho: si alguien te cae bien, es mucho más fácil que te convenza de hacer cosas que, en otras circunstancias, no harías ni en broma. Primero cúrratelo para caer bien a esa persona y luego, ¡ZAS!

## «PRINCIPIO DE ESCASEZ, SOLO QUEDA UNO»

El cerebro humano es un dramas profesional. Cuando nos dicen que algo es limitado, se enciende el modo «pánico»: «¡Si no lo compro ahora, jamás tendré la oportunidad de conseguirlo!». Esto lo explica el principio de escasez de Cialdini: cuanto más difícil es obtener algo, más lo deseamos.

Es una técnica que se basa en el temor de perder la oportunidad y que los genios de las campañas de marketing utilizan muy bien.

Cuando las personas perciben que algo es limitado lo valoran más y sienten una necesidad urgente de adquirirlo.

La escasez aumenta el deseo del producto (incluso entre quienes no suelen consumirlo), genera atención y publicidad gratuita en redes sociales y medios, pero sobre todo alimenta el ego.

Cuando alguien consigue algo difícil de obtener por ser un producto escaso (entradas agotadas de un concierto, objetos de coleccionista, descuentos limitados) no solo lo valora más, sino que siente el impulso de mostrarlo a los demás.

Esta dinámica amplifica la promoción del producto. Las personas se convierten en embajadoras involuntarias al compartir su propio éxito. De esta forma el marketing de la escasez no solo impulsa las ventas, sino que genera publicidad gratuita y viral.

La genialidad de la escasez está en saber transmitir al consumidor la compra del AHORA O NUNCA.

Vas a buscar una casa para alquilar en un pueblo perdido donde no iría nadie en noviembre y te salta una ventanita: «Hay nosecuantitosmil interesados también». ¡SÍ, CLARO! Pero esa ventanita te pone nervioso y por si acaso...

Nos activa el miedo a perder algo y nos hace comprar cosas absurdas o entrar en pánico por artículos comunes.

### En tiendas online

«¡Quedan dos unidades en stock!» Sabemos que quizá haya mil más en el almacén, pero ahí estás, con la tarjeta en la mano, sudando porque ese abrigo que no necesitas podría desaparecer.

### En Black Friday

La gente literalmente se empuja para agarrar el último loquesea, aunque ya tenga uno en casa. El truco: poco producto en tienda y cartelito de ¡EDICIÓN LIMITADA! Todos caen como moscas.

Un estudio de Worchel (1975) mostró que la gente valoraba más unas galletas cuando estaban en un *stand* casi vacío que cuando estaban en uno lleno. ¿La ironía? Las galletas eran idénticas. Así funciona nuestra cabeza: si queda poco, debe ser especial.

Y no olvidemos en pandemia el efecto papel higiénico.

## «EL EFECTO REBAÑO: SI TODOS LO HACEN, YO TAMBIÉN»

La lógica del efecto rebaño es simple: «No quiero quedarme fuera del club». Confiamos en que, si mucha gente está haciendo algo, debe de ser bueno. Esto nos ha llevado a grandes descubrimientos, como usar hombreras gigantes o los peinados brócoli que llevan muchos adolescentes ahora. Hacemos cola, compramos ropa de moda y seguimos tendencias, todo porque no queremos ser los raritos. Incluso hasta vemos series que nos parecen un rollo porque a todo el mundo le ha «gustado».

### En restaurantes

¿Cuántas veces has visto un local vacío y has pensado: «Si nadie come ahí, algo malo debe tener»? Luego encuentras uno con cola y dices: «Esto debe ser el paraíso de la comida». Resultado: media hora esperando por una sopa normalita.

### En redes sociales

Si un vídeo tiene millones de vistas, lo abres aunque sea un tutorial para encender una vela: «Si a cinco millones de personas les interesó, seguro que es bueno...» (era una mierda pinchada en un palo).

Por no hablar de las colas que se forman en Doña Manolita desde hace siglos (una famosa administración de lotería que tenemos en Madrid). Aquí se mezcla el efecto rebaño con la superstición.

## PRESIÓN DE GRUPO

En 1951, Solomon Asch, un psicólogo con una curiosidad casi malévola por entender cómo funciona la mente humana en grupo, decidió hacer una prueba tan simple que te haría dudar de tu propia cordura.

«¿Hasta qué punto la gente es capaz de ir en contra de lo que sabe que es verdad... solo para no parecer rara frente a los demás?»

¿Qué hizo?

Imagina que estás en una sala con otras siete personas y frente a ti hay un pizarrón con cuatro líneas dibujadas.

Una de esas líneas es la «línea de referencia» y las otras tres tienen etiquetas: A, B y C. La tarea es decir cuál de las líneas (A, B o C) es del mismo tamaño que la línea de referencia.

Fácil, ¿no? Muy fácil, sí. Pero ahora viene el truco.

Lo que tú no sabes es que las otras siete personas son cómplices del experimento. Actores contratados para montar un espectáculo de «influencia social».

Y aquí viene la genialidad maquiavélica de Asch: ellos empiezan respondiendo correctamente al principio para que confíes en ellos.

Pero luego, de repente, todo el grupo empieza a dar respuestas claramente incorrectas. Algo tipo:

Línea de referencia: **X** muy obvia, ¿eh?

Líneas:

**A:** mucho más corta.

**B:** claramente del mismo tamaño.

**C:** una línea larguísima, parece el horizonte.

Y tenemos a todos los actores señalando con seguridad: «Es la A, obvio, la A». Mientras tú, con tus ojos funcionales, piensas: «¿Qué? ¡Es B!».

Tu cerebro entra en crisis. En ese momento empiezas a sudar. Te preguntas: «¿Estoy loco? ¿Ellos están viendo algo que yo no veo? ¿Voy a ser el único idiota que diga B cuando claramente todos dicen A?».

Lo que decidas aquí determina si sucumbes a la presión social o te atreves a desafiar a la multitud.

Aproximadamente el 75 por ciento de las personas en algún momento se alinearon con el grupo y dieron una respuesta incorrecta. Sí, aunque supieran que la respuesta correcta era otra.

Solo el 25 por ciento mantuvo su integridad y se aferró a lo que veía con sus propios ojos.

**¿Y por qué? Porque nuestro cerebro odia dos cosas:**

- Ser el raro del grupo (sííí, ya sé que tú no, pero míralo desde una visión global humana). Esto activa nuestro miedo al rechazo social, algo que viene de nuestros días en las cavernas: encajar para no morir.
- Sentirse inseguro (si todos dicen algo, quizá yo soy el que no lo entiende).

**La lección de Asch (y cómo aplica en la vida adulta)**

Esto no solo es un experimento con líneas. Es una metáfora gigante de cómo funciona la influencia social en nuestra vida diaria.

Por ejemplo, en una reunión de trabajo todos están de acuerdo con una idea terrible.

¿Levantas la mano para discrepar o mejor no arriesgas tu puesto?

Lo que Asch nos enseña es que la conformidad puede llevarnos a tomar decisiones tontas solo para encajar. Y aunque puede ser tentador seguir a la multitud, a veces vale la pena ser el valiente que dice: «A ver, por favorrr, esa línea claramente es B».

## «EL DISCO RAYADO: REPETIR, REPETIR Y REPETIR»

El truco del disco rayado consiste en repetir algo tantas veces que, al final, la otra persona acepta por pura extenuación mental. Es el «¿ya llegamos?» de los niños pero en versión manipulación adulta.

### En ventas

El vendedor te dice diez veces que el producto es «una oportunidad única» hasta que lo compras para que deje de hablarte. Es agotamiento psicológico que al final hace que te rindas.

### En pareja

«¿Podemos ir al restaurante italiano? Porfa, porfa, porfa, porfa...» Al final dices que sí solo para que te deje en paz, aunque tú querías tacos.

### En el aprendizaje

Me dedico a dar charlas y a la formación. Y la técnica del «disco rayado» es indispensable. No se trata de aburrir al público con repeticiones al estilo de un viejo vinilo atascado, sino de garantizar que los conceptos clave realmente lleguen a todo el mundo. El público al que te diriges son humanos con escucha selectiva. Sí, selectiva (¿os acordáis?).

Mientras tú estás hablando de un concepto superimportante, la mitad de las personas están distraídas pensando en cosas como: «¿Apagué la cafetera antes de salir?». «¿Qué voy a comer hoy?» «¿Por qué no me llega el paquete de Amazon?» O simplemente mirando al infinito como si esperase que alguien les reinicie el cerebro.

Entonces, si en ese momento su mente se va de paseo justo cuando mencionaste algo vital, adiós al mensaje. Si repites el mismo concepto pero con diferentes palabras o ejemplos, les das múltiples oportunidades para atraparlo. Es como tirar una red al mar varias veces: puede que no pesques nada al principio, pero tarde o temprano alguno pica. Así te aseguras de que hayan aprendido ciertos conceptos o estrategias útiles para su puesto de trabajo, para pasar de nivel o para familiarizarse con esas ideas.

Por todo ello, para fomentar un buen aprendizaje es bueno utilizar dinámicas o juegos, tanto en niños como en adultos, y aderezarlo todo con anécdotas o historias. Pero, sobre todo, con humor del bueno, mucho humor. La rigidez emocional es CACA.

Si el cerebro no se emociona, no aprende.

## Disco rayado tóxico

LA REPETICIÓN de un BULO o de un rumor puede convertir la noticia en algo más creíble, incluso si inicialmente la habíamos descartado como falsa. La exposición repetida hace que dudemos y reconsideremos nuestra posición sobre la falsedad de esa información.

La validación social (efecto rebaño), el entorno y contexto en el que nos movemos influyen en la percepción de la información, un BULO, un rumor... Si muchas personas en nuestro entorno creen en él, normalmente lo aceptaremos como VERDAD.

La psicología del aprendizaje muestra que la repetición constante refuerza las conexiones neuronales. A esto se le llama efecto de exposición repetida. Lo que se repite, se siente más familiar, más sellado y, por ende, aceptable. Por supuesto, es más válido para la información veraz que para los bulos.

## «OTROS TIPOS DE PERSUASIÓN: CONVERSACIONES SECRETAS Y VOCES RIDÍCULAS»

¿Quién no ha tenido alguna vez una conversación con un amigo y habéis hablado de alguien que os cae mal y habéis puesto una voz ridícula para imitarlo? Nuestro subconsciente tiene un pequeño teatro interno. Al darle una voz estúpida a la persona que no nos gusta, la ridiculizamos para que los demás coincidan con nuestra opinión.

Cuando lo cuentas: «Y me dice: "¿Y pirqui ni viinis il viiji?", y yo le dije: "Porque no puedo, Marta, tengo a los niños esa semana". Y me dice otra vez: "¡Piis triitilis! Mi pirici fitil qui ni vinguis". Y me fui y la dejé ahí, no quería discutir».

Como veis, esto es un ejemplo de manipulación dirigida para que te caiga mal Marta (con voz ridícula, por supuesto, Marta no habla así) y tú quedes muy bien y muy coherente en la conversación. Ja, ja, ja, esta forma de persuasión es maravillosa.

¿Por qué hacemos esto? Desde el punto de vista científico del comportamiento, nuestro cerebro es un maestro de la economía cognitiva. Nos gusta categorizar rápidamente a las personas: «Amigo, bueno. Persona que no me gusta, malo». Y cuando nos encontramos con alguien que no nos cae bien, le asignamos «voces ridículas» o características exageradas para desacreditarlo sin tener que pensar demasiado. Para cerrar la persuasión voy a acabar con...

## «EL PRINCIPIO DE COHERENCIA»

Es un truco que transforma egos en aliados sin que la otra persona se dé cuenta. Este fenómeno, popularizado por Robert Cialdini en su libro *Influence*, se basa en una simple idea: las personas quieren actuar de forma coherente con la imagen que tienen de sí mismas. Cuando les atribuyes una cualidad positiva, harán todo lo posible por demostrar que esa descripción es cierta.

### ¿Cómo funciona este «truco»?

La jugada maestra consiste en halagar a alguien estratégicamente para guiarlo hacia la acción que te interesa. No estás mintiendo descaradamente, pero tampoco es que seas cien por cien honesto. Digamos que estás decorando un poco la verdad.

Le dices algo como: «Tú que siempre encuentras soluciones inteligentes, ¿cómo manejarías este problema?».

El subtexto aquí es que, si la persona no actúa como alguien inteligente, quedará en evidencia. Y claro, ¿quién quiere parecer tonto después de ser elevado a los cielos del intelecto?

Cuando asociamos a alguien con un atributo positivo (como «inteligente», «responsable» o «amable»), su cerebro entra en modo «validación». Quieren alinearse con esa imagen porque:

- Les sube la autoestima. A todos nos encanta sentirnos especiales.
- Reafirma su identidad. Si creen que son inteligentes, responsables o amables, harán lo posible para no contradecirlo.
- La presión social cuenta. Nadie quiere quedar como un hipócrita.

Este fenómeno está vinculado con la teoría de la disonancia cognitiva de Leon Festinger. Esta teoría explica cómo las personas sienten incomodidad cuando su comportamiento no coincide con sus creencias o autoimagen.

Si alguien te dice: «Eres una persona tan generosa que seguro que podrías contribuir con esta causa», su cerebro piensa: «¡Soy generoso, claro que sí!». Y termina vaciando su monedero.

Un experimento de Freedman y Fraser (1966) lo demuestra:

- ★ En una primera fase, los investigadores pidieron a algunos vecinos que colocaran un pequeño letrero en sus ventanas que decía: CONDUCE CON CUIDADO.
- ★ Días después, volvieron y les pidieron colocar un enorme cartel (aparatoso y gigante, un horror) en el jardín con el mismo mensaje. El 76 por ciento aceptó.

¿Por qué? Porque querían ser coherentes con su decisión inicial. Ya habían aceptado ser personas responsables con la seguridad vial. Rechazar el cartel grande los haría parecer inconsistentes con su «identidad».

Es como si te insisten por mensaje privado en dar difusión a una causa noble (animales abandonados, enfermedades raras, situación marginal). ¿Cómo no lo vas a hacer? No sería coherente rechazar la difusión de una causa así.

### En el trabajo

Tú dices: «Tú que siempre tienes las ideas más brillantes, ¿cómo podemos resolver este problema técnico?».

Traducción: «Te lavé el ego para que me resuelvas la incidencia».

### Con amigos

A tu amigo: «Tú que siempre encuentras los mejores restaurantes, elige dónde cenamos hoy».

Resultado: se parte el lomo buscando recomendaciones en Google para no perder su título honorífico de Héroe Gastronómico Supremo.

**Con niños**

«Tú que eres tan mayor y responsable, ¿puedes ayudarme a poner la mesa?»

La criatura se hincha de orgullo y, antes de darse cuenta, está alineando los tenedores como si fuera un profesional del catering.

(Bueno, ejem, con mis hijos no funcionaba.)

El principio de coherencia no solo apela al ego, también juega con el miedo al ridículo. Si después de escuchar algo como «tú que siempre eres tan amable» no actúas de manera amable, la disonancia entre tus acciones y las expectativas creadas te hará sentir incómodo. Así que, en lugar de rechazar, la gente prefiere cumplir.

## «PARA TERMINAR»

El principio de coherencia es un truco elegante y eficaz. Halagas a alguien y, ¡pum!, consigues lo que quieres sin confrontaciones. NO ABUSES, porque algún día te podrán decir: «Y tú que siempre eres tan honesto, ¿por qué no me dices que me estás manipulando?».

Mientras funcione, úsalo con maestría. Nadie puede resistirse a ser inteligente, generoso o amable cuando ya lo han declarado como tal.

Vosotros, como buenos y amables lectores que sois, regalaréis este libro, ¿verdad?, ¿verdad?, ¿verdad?

## «SANTIAGO RAMÓN Y CAJAL»

Santiago Ramón y Cajal, uno de los mayores genios de la historia, considerado el padre de la neurociencia moderna y un visionario, también tenía un gran sentido del humor. Y como todo personaje importante tiene varias anécdotas.

Cuando era niño, Ramón y Cajal no parecía destinado a convertirse en el genio que todos conocemos. Era bastante travieso y tenía una curiosidad desbordante. En una ocasión, cuando tenía unos diez años, se obsesionó con fabricar un cañón casero. Influido por las historias bélicas de la época, pensó que sería genial construir uno con sus propias manos.

Usó como base un tubo metálico, pólvora que había conseguido de forma poco clara (seguramente después de alguna fechoría) y piedras como proyectiles. Hizo pruebas de disparo en el patio trasero de su casa y apuntó al cielo para impresionar a sus amigos. Sin embargo, la cosa no salió como esperaba: el cañón explotó con un estruendo enorme. No solo rompió ventanas de las casas cercanas, sino que además provocó un verdadero caos en el vecindario.

El padre de Ramón, que ya estaba cansado de las continuas travesuras de su hijo, decidió darle un escarmiento.

Lo obligó a ir a la cárcel local para que hablara con el alguacil. Este le dio un «sermón ejemplarizante» sobre las consecuencias de su comportamiento. Sin embargo, en lugar de asustarse, Ramón quedó fascinado con las celdas y los barrotes. Más tarde usaría esos barrotes como inspiración para uno de sus primeros dibujos anatómicos de estructuras celulares.

Santiago Ramón y Cajal fue una figura verdaderamente polifacética. No solo destacó como neurocientífico, sino que también fue un consumado fotógrafo, explorador de fenómenos paranormales, practicante de la hipnosis, maestro de ajedrez, escritor de ciencia ficción y BOXEADOR. Solo le faltaba ser Senior Strategic Key Account Manager y Executive Business Development Manager para completar.

Se dedicó al culturismo para superar una humillación: un chico lo había derrotado en un pulso, lo que hirió profundamente su orgullo.

Determinado a redimirse, trabajó intensamente en su musculatura y llegó a exhibir orgulloso sus imponentes pectorales y un torso con un diámetro generoso.

En su biografía, en vez de poner la foto recogiendo el Premio Nobel, eligió otra de sí mismo con veinte años, en la cima de su transformación como culturista. Qué pena que no existiese Instagram en su época, estaría enganchado.

## Toda persona puede ser, si se lo propone, escultor de su propio cerebro.

Sí, esta frase es de Santiago Ramón y Cajal.

Ahora se cuela en charlas de neurociencia, libros de autoayuda y hasta en posts de Instagram con imágenes de atardeceres.

Pero en su tiempo dejó a muchos rascándose la cabeza. ¿Escultor de qué? ¿Qué me estás contando? ¿De dónde sacaba este hombre que el cerebro podía cambiar? Pues por lo visto el cerebro es plástico, pero no del tipo que reciclas en el cubo amarillo, ¿eh? (risas enlatadas). Plástico de plasticidad. Tiene la habilidad asombrosa de adaptarse, aprender y reorganizarse. Como la plastilina, siempre moldeándose según lo que le enseñes, aprendas o vivas.

En una época en que la ciencia pensaba que el cerebro era como una máquina fija e inmutable, Cajal afirmó algo completamente distinto: el cerebro se puede moldear y cambiar según lo que hagamos, aprendamos y experimentemos.

Para entender lo radical de su afirmación, imagina que alguien en el siglo XIX te dice que puedes aprender piano a los sesenta años.

O que practicar origami puede mejorar tu memoria. En esa época, esas ideas eran más escandalosas que un mono con platillos.

La creencia dominante era que el cerebro venía «predefinido» al nacer, y con el tiempo solo se deterioraba como un mueble barato.

Si alguien hubiera sabido en esa época que nuestras neuronas podían cambiar y reorganizarse, habrían puesto muy nerviosos a los guardianes de la moral científica de la época.

Cajal observaba el microscopio y veía algo diferente: las neuronas no eran piezas fijas de una maquinaria, sino células vivas capaces de formar nuevas conexiones. Su famosa frase resumía una idea tan avanzada que parecía sacada de un libro de filosofía: podemos cambiar nuestro cerebro a través de nuestras decisiones, esfuerzos y aprendizajes.

## ¿Por qué no lo entendieron en su época?

La ciencia estaba «atascada». En su tiempo, muchos científicos creían que el cerebro era estático y que después de la niñez no cambiaba más. Decir que podías «esculpir tu cerebro» sonaba casi mágico. Sugería que uno podía hacerse más inteligente con solo proponérselo.

Faltaban pruebas tecnológicas. Hoy tenemos resonancias magnéticas y escáneres cerebrales para demostrar cómo el aprendizaje o la meditación cambian la estructura del cerebro. En el siglo XIX, Cajal solo tenía su microscopio, paciencia y talento artístico para plasmar sus ideas. Sin esas herramientas modernas, muchos de sus colegas simplemente no entendían el alcance de sus descubrimientos.

Sonaba a poesía más que a ciencia. En una época en que los científicos querían ser muy serios y técnicos, frases como «ser escultor de tu cerebro» no sonaba a biología. Algunos pensaron que era una bonita metáfora, pero no entendieron que Cajal hablaba LITERALMENTE.

Cajal, que se dedicó a dibujar neuronas con una precisión casi mágica, fue uno de los primeros en darse cuenta de que el cerebro no era una estructura fija. Concluyó que el aprendizaje y la práctica podían moldear el cerebro. Hoy sabemos que esto es la base de la neuroplasticidad.

Pero en aquel momento sonaba como si alguien hubiera dicho: «Oigan, las estrellas no están fijas en el cielo, en realidad se están moviendo. Incluso hay estrellas que, aunque las veamos, ya están muertas». Algo revolucionario, pero muy difícil de digerir para sus contemporáneos.

Hoy entendemos lo que quiso decir: el cerebro está en constante transformación. Aprende y se adapta con nuestras experiencias, aunque también se «atrofia» si lo dejamos de usar.

Es como un gimnasio interno. Puedes esculpirlo, pero tienes que trabajar para hacerlo. Esta idea de que somos «arquitectos de nuestro cerebro» es la base de estudios sobre aprendizaje, superación personal y recuperación de lesiones cerebrales.

## «LO SIENTO, PERO NO ERES MAYOR PARA APRENDER ALGO NUEVO»

Aunque muchos no comprendieron a Ramón y Cajal en su tiempo, hoy su frase se ha convertido en el epítome de lo que significa tener control sobre nuestras vidas. Cada vez que alguien dice que es «muy mayor para aprender algo nuevo», probablemente don Santiago daría un golpe en la mesa y les recordaría que no hay excusa: tu cerebro sigue dispuesto a moldearse, siempre y cuando tú también lo estés.

Gracias a él, ahora sabemos que nunca es tarde para aprender, crecer y cambiar. Lo que en su tiempo parecía fantasía, hoy es pura ciencia.

. CAPÍTULO 9 .

# < NEUROPLASTICIDAD, O CÓMO EL CEREBRO PUEDE REINVENTARSE A SÍ MISMO CADA DÍA >

«NO DEBEN PREOCUPARNOS LAS ARRUGAS DEL ROSTRO,
SINO LAS DEL CEREBRO.»

*- Santiago Ramón y Cajal -*

Antes se creía que, al llegar a cierta edad, el cerebro se volvía un bloque de cemento: duro, inamovible y perfecto solo para sostener cosas encima, como sombreros o preocupaciones. Pero no. Las neuronas siempre están listas para el cambio, incluso si tienes más años que un gramófono. Es como si el cerebro dijera: «Te juro que puedo con esto..., aunque tardes un poquito más, ¿vale?».

¿Puedo aprender algo nuevo a los cuarenta, cincuenta o noventa años?

¡Pues claro! Aunque tu cerebro haya tenido décadas para llenarse de canciones de los años ochenta, recetas fallidas y todos los *jingles* publicitarios (BIC naranja escribe fino, BIC cristal escribe normal...)

que marcaron tu infancia, la neuroplasticidad garantiza que todavía puede hacer espacio para cosas nuevas.

Aprender un idioma, tocar la guitarra o incluso bailar reguetón (sin dislocarte la cadera) es posible. Bueno, no. A lo mejor, no.

Si un pájaro puede aprender a bailar *breakdance* porque alguien lo entrenó en TikTok, tú puedes aprender Excel avanzado, que es divertidísimo. Tan divertido como un documental sobre codos de tubería.

¿Por qué a veces parece tan difícil aprender algo nuevo?

Es cierto que, a medida que envejecemos, el cerebro no cambia tan rápido como el de un niño. Pero esto no significa que esté roto. Simplemente tiene más experiencia y es un poco «quisquilloso». Por ejemplo, aprender a andar en bicicleta a los diez años es fácil porque no tienes miedo de caerte. A los cincuenta, la misma bicicleta parece una máquina mortal diseñada para destruir tu dignidad. El problema no es tu cerebro, es tu miedo a romperte la dentadura y la cadera.

Científicos descubrieron que los taxistas londinenses desarrollan cerebros más grandes en el área del hipocampo. ¿Cómo? Aprendiendo todas las calles de Londres de memoria. Si ellos pueden, tú también puedes aprenderte la lista de todos los emperadores bizantinos.

Los estudios demuestran que los adultos mayores pueden aprender nuevos idiomas, aunque suenen como Chewbacca al principio. Con suficiente práctica, el cerebro reorganiza las áreas del lenguaje.

## «EL PIANISTA SIN BRAZOS»

Cuando Liu Wei perdió sus brazos a los diez años, tuvo que enfrentarse a un gran desafío. Sin embargo, en lugar de rendirse, su cerebro empezó a crear nuevas conexiones neuronales para compensar la falta de sus extremidades. Cuando aprendió a tocar el piano con los pies, su cerebro desarrolló una habilidad completamente nueva. Reasignó áreas que normalmente estarían dedicadas a las manos y las ajustó para trabajar con los pies.

La neuroplasticidad permite que el cerebro reconfigure sus redes para adaptarse a cambios físicos o situaciones nuevas. En el caso de Liu Wei, a través de la práctica constante, fortaleció las conexiones entre las áreas motoras de los pies y las zonas relacionadas con el control del piano hasta alcanzar un nivel de destreza impresionante. Este proceso muestra cómo la mente humana tiene un potencial extraordinario para superar obstáculos. Es capaz de redefinir lo que se considera posible gracias a la capacidad de adaptación de nuestro cerebro.

## «RESUMIENDO Y ACTIVANDO ESA NEUROPLASTICIDAD»

Cuando nacemos tenemos una creatividad desbordante. La que nos hace pintar con las manos, meter los dedos en todos los enchufes y montar castillos de arena en el salón limpito de tu madre. El pico se alcanza a los cinco años. A partir de ahí, la cosa empieza a complicarse un poco. Pero ¡vamos al lío!

Como ya sabéis, tenemos dos tipos de pensamientos: el pensamiento automático y el pensamiento reflexivo.

El **PENSAMIENTO AUTOMÁTICO** es ese amigo que aparece sin avisar, te suelta juicios sin que le pidas opinión y, peor aún, sin ningún filtro. Este tipo de pensamiento está lleno de prejuicios y reacciones inmediatas. Casi como si estuviéramos programados para pensar mal de todo el mundo antes de conocerlo. Y qué decir de las emociones que nos regala.

Es un gran caldo de cultivo para la rumiación, esos pensamientos que vuelven y vuelven a la cabeza como un disco rayado, dañan tu cerebro y generan ansiedad. Todo esto contribuye a un cerebro defensivo, como si estuviéramos listos para una pelea constante, aunque no haya una amenaza real.

Luego está el pensamiento reflexivo o alternativo. El tipo de pensamiento que nos permite hacer una pausa, analizar las cosas y deshacer los nudos mentales que nos creamos a nosotros mismos.

Es el **PENSAMIENTO CRÍTICO**, ese que nos lleva de la incertidumbre a la calma. Nos ayuda a mirar las cosas con perspectiva y, lo más importante, nos permite crear nuevas conexiones neuronales. Si te enfrentas a algo nuevo, tu cerebro hace un *reset* y forma nuevas conexiones. Eso es genial para mantener la mente joven y ágil.

Es fascinante cómo nuestra mentalidad puede modificar la estructura física del cerebro. Si tienes una mentalidad optimista, receptiva, llena de ilusión y curiosidad, estás favoreciendo la neuroplasticidad.

En cambio, si caes en el pesimismo, las quejas constantes y el victimismo, lo único que vas a lograr es entrenar a tu cerebro para que se quede atrapado en ese bucle de supervivencia y retroalimentación negativa. Bloqueado, sin energía y sin salir de «tu zona de comodidad».

La «zona de comodidad» o «zona de confort» es la menos cómoda de todas si quieres ampliar tus conexiones cerebrales.

Es como querer avanzar en la vida mientras te atas los pies con grilletes. No olvides que el círculo de personas que te rodean también influye muchísimo en cómo se esculpe tu cerebro. Si vives rodeado de gente negativa, prepárate, porque te va a afectar.

Las neuronas espejo, esas pequeñas «espías» de nuestro cerebro, no hacen más que imitar lo que los demás hacen. Por eso tu cerebro terminará adaptándose a la actitud de tu entorno.

Ahora, imagina que te quejas todo el tiempo de tu trabajo pero no haces nada por cambiar la situación. Si no haces nada por cambiar, quizá no estés tan mal. Quejarse se convierte en placer y costumbre sin buscar soluciones. Un cerebro sin nada que aportar que se retroalimenta en una espiral dañina.

El pensamiento rumiador convertirá esa pequeña molestia en un monstruo gigante, y todo por no mover un dedo. Lo interesante es que, si tan solo te atreves a hacer algo, aunque no logres el cambio inmediato, esa acción ya pondrá en marcha la neurogénesis: la formación de nuevas neuronas.

Cada vez que te atreves, arriesgas o investigas, creas nuevas dendritas (esas conexiones neuronales que permiten que el cerebro funcione como una red de autopistas).

Por otro lado, el estrés y la desesperanza aumentan los niveles de cortisol, esa hormona que, además de hacerte sentir como si estuvieras constantemente al borde del colapso, bloquea la neurogénesis. No solo arruina tu día, sino que se pone en contra de tus esfuerzos por hacer crecer nuevas conexiones cerebrales.

Si crees que las cosas no van a cambiar, no solo estás perjudicando tu cerebro, sino también el mundo que te rodea. La desesperanza es contagiosa, y no de forma positiva, evidentemente. Si te hundes en tu propio malestar le estás echando una mala mano a todos los que comparten tu espacio vital.

La actitud positiva no es solo una cuestión de «buen rollo». Es una necesidad, una especie de obligación ética para ti y para los demás. Es el momento de estudiar, leer, compartir, reinventarte, bailar o incluso pedir ayuda a un profesional si lo necesitas.

Hay que quejarse, claro que sí. Las quejas están bien, pero no como estilo de vida. Si estás pasando por un mal momento es normal no ser positivo ni optimista. En esas estapas duras, el autocuidado es el mejor aliado. Y sobre todo un entorno que acompañe.

Quejarse por todo no puede ser tu hobby favorito porque el cerebro se bloquea, produce cortisol por el llamado estrés crónico, reduce la eficacia de la sinapsis (conexiones entre neuronas) y hace que las cosas se ralenticen. El cortisol inhibe la neuroplasticidad. El cerebro se vuelve menos flexible, con menos capacidad de aprender y adaptarse a nuevas situaciones. Hay que atreverse a disfrutar de lo que tenemos, incluso en medio del caos, porque los pensamientos son la clave.

Y lo mejor de todo es que da igual la edad que tengas: siempre puedes cambiar tu forma de pensar y, con ella, remodelar tu cerebro.

Repito: si sigues dándole vueltas a tus quejas, tu cerebro se quedará atrapado en un bucle de frustración. Pero si te atreves a cambiar, ese cerebro empezará a construir carreteras neuronales completamente nuevas.

La gratitud y la mentalidad constructiva liberan dopamina, te sientes bien, con ganas de cambiar perspectivas.

## DEBERES

La neuroplasticidad florece cuando haces cosas nuevas. Haz algo incómodo (pero no demasiado).

Usa tu mano no dominante para cepillarte los dientes.

Ve por otra ruta al trabajo al menos dos veces por semana, evita el piloto automático. Coloca alguna acción disruptiva en tus hábitos que active el cerebro y le obligue a salir de la rutina.

Haz ejercicios de pensamiento lateral.

Practica los juegos de mesa. Con amigos, mejor. Pasea, pasea, pasea, por el campo mejor.

Duerme y come bien.

Tu cerebro es como una planta: necesita agua, descanso y un poco de amor. Dedícate al autocuidado y disfruta de la gente de tu entorno.

**Y sobre todo ríete de ti.**

La risa mejora la neuroplasticidad. Cuando metas la pata aprendiendo algo nuevo, no te frustres. A CARCAJADA LIMPIA.

## «EL BAILE Y LA RISA»

El baile, especialmente el de estilos complejos, puede incrementar la neuroplasticidad en el cerebro. Se ha observado que el baile aumenta la conectividad entre las diferentes áreas cerebrales, particularmente entre los lóbulos temporal y frontal. Esto mejora habilidades como la memoria, la concentración y la capacidad para resolver problemas.

En estudios con adultos mayores, aquellos que participaron en clases de baile experimentaron mejoras significativas en su memoria a corto plazo y en las habilidades cognitivas. Esto se debe a que el baile no solo involucra movimientos físicos, sino que también estimula la mente y ayuda a crear nuevas conexiones neuronales.

Te pone las pilas. Cuando bailas, tu cuerpo libera endorfinas, esas moléculas mágicas que te hacen sentir que puedes conquistar el mundo. Como cuando te enamoras. Además, mejora tu memoria porque tienes que recordar pasos, aunque luches contra el ritmo. Por lo que también te entrena en el equilibrio y la coordinación.

Eso sí, no intentes aprender coreografías de TikTok complicadísimas en la cocina, y menos si tienes perro. Alguna vez me he arriesgado a eso con mi hija, mi perro se emociona y acabamos en el suelo muertas... de la risa.

La risa activa varias áreas del cerebro, incluidas las zonas relacionadas con el control emocional, como la amígdala. Eso ayuda a reducir el estrés y la ansiedad porque disminuyen los niveles de cortisol (la hormona del estrés, sí, es un tormento).

Mejora la circulación sanguínea y aumenta el flujo de oxígeno a los tejidos del cuerpo, lo que puede contribuir a la salud cardiovascular.

Se ha demostrado que la risa aumenta los niveles de anticuerpos en la sangre, fortalece el sistema inmunológico y ayuda a prevenir enfermedades. Es como si tu cuerpo dijera: «Ay, esta criaturica está feliz, vamos a protegerla de virus y malos rollos».

Además, la risa tiene efectos secundarios maravillosos: puedes fortalecer los abdominales y así ahorras la cuota de gimnasio. Ese gimnasio al que nunca vas porque prefieres visitar la churrería.

Bailar y reír son la receta perfecta para estar más feliz, sano y con mejor humor. Si combinas ambas cosas, que sea, PORFAVORTELOPIDO, el «baile del robot». Mientras te ríes como una hiena y cuelgas un vídeo de eso, HARÁS UNA GRAN LABOR SOCIAL.

Por último, recomendaría a todas las empresas implementar una actividad diaria de baile y risa al inicio de la jornada laboral y mezclar todas las categorías profesionales. Tiene beneficios demostrados que pueden impactar positivamente en los resultados de la organización.

Aumenta la productividad: ya hemos visto que reduce el estrés y mejora el estado de ánimo, por lo tanto genera un entorno más positivo, cuyo resultado es empleados más motivados y enfocados.

Fomenta la creatividad: estas actividades estimulan áreas del cerebro relacionadas con la resolución de problemas y la innovación. Un equipo relajado y mentalmente activo puede generar mejores ideas y soluciones.

Mejora el trabajo en equipo: bailar y reír juntos crea conexiones sociales y confianza entre los empleados y los líderes, rompe barreras jerárquicas y fomenta la colaboración.

Reduce el absentismo y el *burnout*: al reducir el estrés y fortalecer el sistema inmunológico se traduce en menos bajas laborales y más energía.

Refuerza la cultura organizacional: una empresa que invierte en el bienestar de su equipo proyecta una imagen de cuidado y modernidad, lo que atrae y retiene talento.

Unos minutos de diversión diaria pueden transformar el clima laboral en una ventaja competitiva. Y recordad siempre que EL SENTIDO DEL RIDÍCULO NO EXISTE, SOLO ESTÁ EN TU CABEZA.

# < LOS "DICEN" >

★

Finalizo este fascinante recorrido por el comportamiento humano con un homenaje a los «DICEN».

Sí, sí, esos misteriosos «Dicen» que lo saben todo.

Pero la pregunta es: ¿quiénes son los «Dicen»? ¿Acaso son una secta con acceso a todos los secretos del universo?

Me los imagino reunidos en un sótano oscuro, con túnicas y velas aromáticas, tomando decisiones sobre el futuro de la humanidad: «Oye, ¿qué decimos hoy? ¿Que va a hacer sol o que el dólar se va a disparar?».

¿Te ha pasado alguna vez que alguien te dice: «Dicen que va a hacer sol este fin de semana»? Y tú, sin dudarlo ni un segundo, cambias tus planes. De repente preparas una barbacoa para el finde porque lo dijeron los «Dicen». Y no se puede cuestionar. NO SE HABLE MÁS.

La magia de los «Dicen». No necesitan pruebas ni hechos. Solamente colocar «Dicen» delante de una frase rotunda.

Una declaración con un «Dicen» es suficiente para volverse incuestionable. Y lo fascinante es que este fenómeno no es solo un chisme de barrio, ¡no, no, no! Los «Dicen» llegan a todas partes. Están en las noticias, en los cafés, en las reuniones de trabajo. «Dicen que la inflación va a subir.» «Dicen que la nueva dieta milagrosa te hace perder diez kilos en dos días.» Y ahí estás tú, con cara de duda pero sin atreverte a cuestionarlo, porque lo dijeron los «Dicen».

Hay gente que, cuando te va a soltar un comentario de esos que parecen definitivos, suelta un «Dicen». ¡Ah, sí! ¡El famoso «Dicen»! Como si fuera una fuente universal de sabiduría. «Dicen que estará nublado.» «Dicen que el planeta se va al garete.» «Dicen que van a echarnos a todos del trabajo.» Pero, oye, ¿quiénes son estos «Dicen»?

Y es que hasta los expertos, esos que manejan datos, también caen en la trampa de los «Dicen». Dicen que la economía va a mejorar, o dicen que la economía va a hundirse.

Y mientras uno se prepara para el apocalipsis o para ir a comprar acciones como loco, yo me imagino a estos «Dicen» como las figuritas de cerámica que tienen las abuelas en las estanterías, porque las abuelas colaboran con los «Dicen» y además aciertan.

Imagina a tu abuela en su salón lleno de figuritas de pastoras y angelitos de cerámica. Se acerca a ellos y les pregunta con voz temblorosa: «Ay, figurita, ¿qué va a pasar con la economía?». Y el angelito, con su sonrisa inmutable, susurra: «Dicen que al principio mal, pero se arreglará».

Los «Dicen» son como el Oráculo de Delfos.

«Dicen que va a hacer buen tiempo este fin de semana.» Y tú, que ya tenías tus dudas, ahora piensas: «Bueno, si lo dicen los "Dicen", será verdad».

Es fascinante cómo funciona nuestra mente con los «Dicen».

Tenemos un fenómeno llamado «heurística de disponibilidad» que básicamente nos dice que si algo está a mano —como un «Dicen»— lo damos por válido. Lo hacemos sin pensar mucho. Nuestro cerebro se toma esas minivacaciones para no sobrecargarse.

Uf, menos mal. No tengo que buscar datos, lo han dicho los «Dicen».

Mi abuela me decía: «Dicen que habrá tormenta». Y yo: «Pero ¿quién lo ha dicho?». Y ella: «La tele».

MAESTRO:
¿QUÉ TAL ESTÁ EL LIBRO "LOS MONOS NO HACEN PREGUNTAS"?
DICEN QUE ES UNO DE LOS MEJORES LIBROS QUE SE HAN ESCRITO.

Pero nooo, la tele es la excusa para no decirme que tenía contactos con esa sociedad secreta de miembros escondidos en una sala oscura, rodeados de monitores, figuritas de su casa y gráficos de bolsa, que toman decisiones sobre lo que va a ser tendencia mañana.

«Oye, decimos que va a hacer sol en toda España y que suben los precios del aguacate, ¿qué tal?» ¡Y zas! Todos empiezan a repetirlo sin cuestionar. Porque lo han dicho los «Dicen».

En fin, lo que me queda claro es que estos «Dicen» son los auténticos *influencers* de la vida. No importa qué profesión tengas o en qué parte del mundo vivas. Seguro que alguna vez te has dejado llevar por los «Dicen».

# < SI HAS LLEGADO HASTA AQUÍ... >

Es porque has leído el libro, lo has abierto por esta página o lo has cogido un momentito por error en una tienda. No pasa nada, no te juzgo. Bueno, sí, te juzgo un poquito, pero con cariño.

Si lo has leído, espero que lo hayas disfrutado. Y si no, al menos lo tienes entre tus manos y puedes calzar la mesa.

Es un homenaje a nuestras fortalezas, a nuestras debilidades, y por supuesto a las abuelas, esas maestras de la vida que siempre tienen razón (aunque no la tengan).

Vivimos en un mundo que nos empuja a ir a toda prisa. Este libro está aquí para decirte: «Frena un poco, anda». Dedica unos capítulos a disfrutar y a pensar si las prisas realmente valen la pena. Quizá te haya servido para observar ciertas actitudes o escenarios a tu alrededor que podrías cambiar, mejorar o, por lo menos, reírte de ellos antes de tirar la toalla.

Sintonizar con los demás es la verdadera clave de la vida. Y sí, en el último capítulo te dejo un atajo para disfrutar más y complicarte menos. Pero recuerda: tú eres ese pensamiento que puedes cambiar, esa emoción que puedes reconducir, esa sintonía que puedes ajustar. En otras palabras, eres un primate evolucionado que hace preguntas, pero rara vez escucha porque siempre tiene prisa.

He intentado que sea fácil, entretenido y que te saque alguna sonrisa. Si no te ha gustado, házmelo saber y ya me encargaré yo de arreglarlo para que parezca un accidente.

Este libro es para todas las personitas (sí, tú también) que caminamos por este mundo incierto e inventado. Cada uno con su pedrada, su historia y su manera única de intentar no perderse en el camino.

Somos seres que van por la vida siguiendo el mismo guion y rigiéndonos por las mismas pautas, cada uno en su escenario: ya seas presidente, *influencer,* científico, emperador, oficinista de primera, arquitecto de sonrisas, ingeniero de alcantarillado, modelo de pasarela, sexador de pollos o Keint Acoun Manager, todos con una pesada carga de emociones, pensamientos e inquietudes. Así que ¡relájate!, que todos estamos en el mismo tren.

Y ya que estoy, voy a hacer

# < AGRADECIMIENTOS >

tipo los Oscar, pero de esos breves. No os vayáis.

Agradezco a Arantxu Sumalla, mi querida editora, que un día tocó mi puerta en forma de mensaje privado para proponerme este proyecto atraída por los hilos y posts que escribo en una conocida red social. («¿Escribir un libro? Maemía», pensé yo.) Y después de procrastinar un poco bastante le dije que sí. Junto a ella y Francisco Olea, magnífico ilustrador y mejor persona, hemos formado un gran equipo.

Quiero agradecer a mi empresa que siempre haya apostado e invertido en formación no solo en capacitación profesional y habilidades, sino en formaciones, talleres o sesiones de bienestar, porque detrás de los resultados siempre hay personas. Agradecimiento muy especial para Rosa Díaz-Caneja y, por supuesto, a todo mi equipo, a los que siguen conmigo y a los que estuvieron.

Y por último, y no menos importante, ¿y por qué no?: a todos los amigos y amigas que lejos de ser secaplantas me llenan de vida cada día y me animaron con este proyecto, y por supuesto, a toda mi familia, en especial a Bruno, Nico y Noa.

PERO SOBRE TODO GRACIAS A TI POR HABER DEDICADO TIEMPO A LEERME.

¡Ah, no, esperad!, que me queda un agradecimiento: a mi querido perro *Beicon*, que durante mis jornadas sentada escribiendo este libro no ha parado de pedirme casito en forma de ladridos, subiéndose a mi silla, dándome lametazos, tirando la basura y obsequiándome con lagartijas.